27400

LES VERS A SOIE

EN 1867

MONTPELLIER, IMPRIMERIE GRAS.

LES
VERS A SOIE

EN 1867

Par M. GAGNAT

DE JOYEUSE (ARDÈCHE)

Juge de paix, Membre de la Société d'agriculture de l'Ardèche
et de la Commission impériale de sériciculture

DEUXIÈME ÉDITION

CET OUVRAGE EST DÉDIÉ A SA MAJESTÉ L'EMPEREUR

PRIX : 2 FR.

PARIS
AUGUSTE GOIN, ÉDITEUR
rue des Écoles, 82.

MONTPELLIER
GRAS, IMPRIMEUR-ÉDITEUR
place de l'Observatoire.

JOYEUSE (Ardèche), chez l'Auteur.

—

MDCCCLXVII

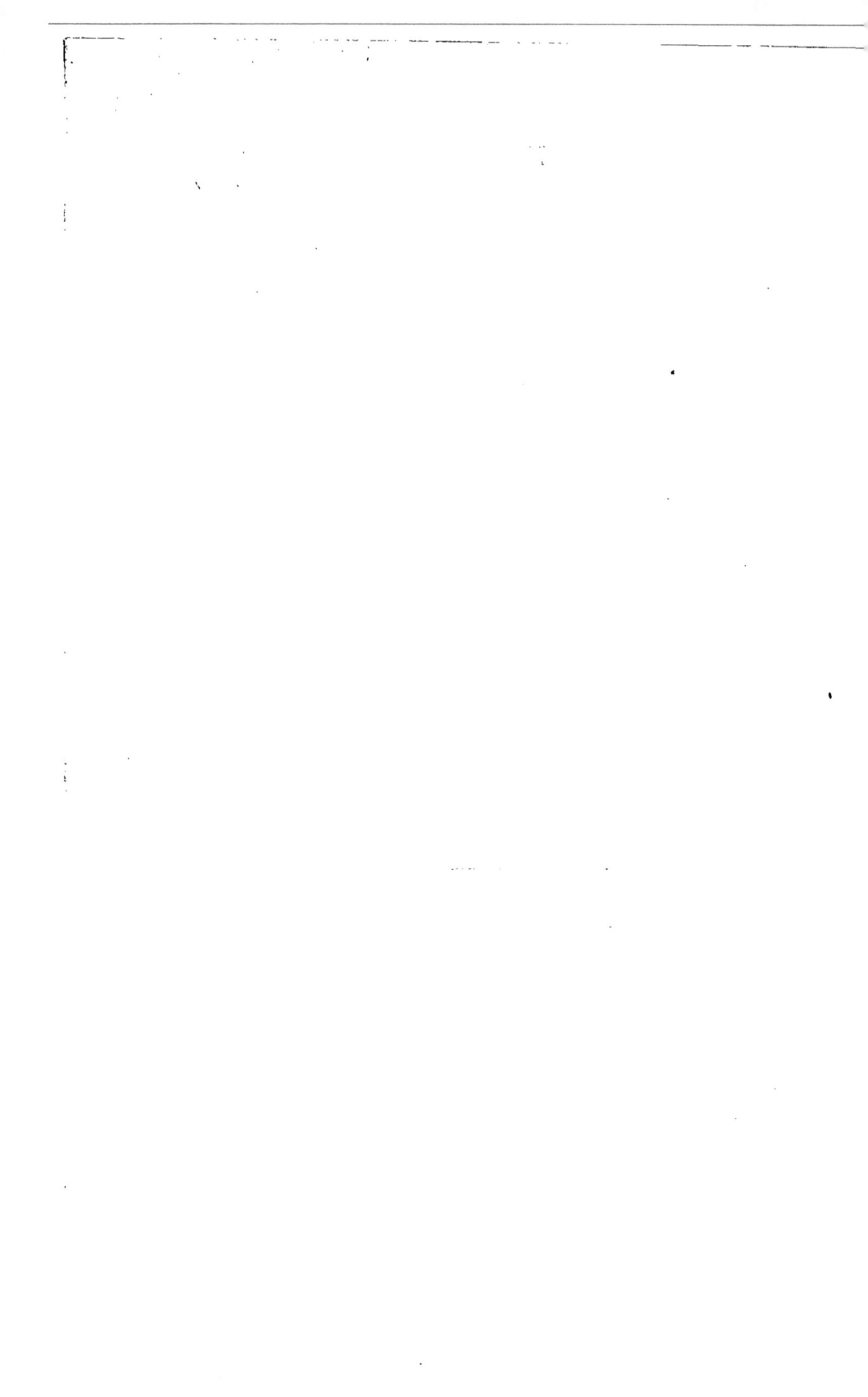

A SA MAJESTÉ

L'EMPEREUR

SIRE,

J'ose supplier Votre Majesté d'accepter l'hommage de ce modeste livre. Elle ne dédaignera pas de l'accueillir, j'en ai la confiance, si elle sait que cet écrit intéresse deux millions de ses sujets, presque tous ouvriers. Je me suis proposé, Sire, de remédier à leurs souffrances, et cette pensée devait revenir à votre sollicitude auguste, parce que c'est elle qui l'a inspirée.

Je suis, Sire, avec le plus profond respect,

de Votre Majesté

Le très-obéissant et très-humble sujet,

GAGNAT.

Je publie un nouveau travail sur les vers à soie ; ce n'est pas un ouvrage, c'est un simple opuscule. Il répond cependant, j'en ai la conviction, à tous les besoins de la situation actuelle, et les populations séricicoles n'auront point à regretter de s'être inspirées des conseils qui y sont contenus.

J'ai divisé ce travail en trois parties. Dans la première, je m'occupe de l'éducation des vers à soie du Japon et des vers à soie en général. Cette partie elle-même est divisée en six chapitres, portant les titres suivants : 1° le Grainage ; 2° Éclosion des vers à soie ; 3° Mues ou âges des vers à soie ; 4° Hygiène générale ; 5° Maladies des vers à soie ; 6° Éducations automnales.

Dans la deuxième partie, j'explique, dans un premier chapitre, les causes de la maladie des vers à soie connue sous le nom de *gatine* ou *pébrine*, et j'indique, dans un deuxième, les moyens d'y remédier, sous le titre de *Déductions ou moyens pratiques*.

Enfin, dans la troisième, je consacre, dans un premier chapitre, quelques mots aux séances de la Commission impériale de sériciculture de Paris, et, dans un deuxième, sous le titre de *Contentieux*, je présente deux études touchant les différends qui surviennent entre les vendeurs de graines et les éducateurs.

J'ai embrassé, en un mot, dans le petit cadre que je me suis

III

tracé, tous les points essentiels de la question séricicole à son point de vue utile et pratique, me préoccupant moins de la rédaction et du style, qu'il ne faut point chercher dans ce travail, encore moins la science, que de la clarté des aperçus et de la conscience des conseils, tous tirés de trente années de pratique et d'observations incessantes.

Les enseignements, je le sais-bien, sont lentement acceptés en agriculture. On ne se pénètre pas assez de cette pensée, que ce que nous attendons du temps, les hommes vieillis dans l'expérience et l'étude sont à même de nous en faire profiter présentement, et que les pertes éprouvées durant l'attente sont irréparables.

Nul sujet, plus que celui-ci, du reste, ne fournit matière à objections. Les unes sont superficielles et émanent de gens n'ayant pas suffisamment observé ; d'autres pénètrent plus avant et émanent d'observateurs plus sérieux ; d'autres enfin procèdent des savants : on ne pourrait guère tenir compte que des deux dernières catégories.

Il ne saurait en être supposé d'ailleurs de légères ou de malveillantes en pareille matière.

LE MURIER

« Au sommet des montagnes volcaniques du Vivarais, dit
» M. Aimé Martin, dans les entrailles mêmes de ses volcans, sur
» des torrents de laves sans culture et presque sans végétation,
» on voyait encore, il y a peu d'années, les restes de quelques
» peuplades à demi sauvages, dont la grossièreté et la férocité
» rappelaient les vieux clans d'Écosse. Ces peuplades ne mar-
» chaient qu'armées ; leur misère était si grande, que la religion
» n'avait pu les adoucir. Aujourd'hui tout est changé : plus
» d'hommes armés, plus de sauvages, plus d'homicides, mais
» aussi plus de terres en friche, plus de misère, plus d'isolement ;
» des chemins faciles se déroulent sur toutes les montagnes, de
» riches villages s'élèvent sur les débris des plus misérables ha-
» meaux ; partout vous trouvez l'aisance à la place de la barba-
» rie. On dirait un nouveau peuple, ce n'est cependant qu'une

» nouvelle génération née à l'abri d'un arbre inconnu des généra-
» tions anciennes.

 » Cet arbre, c'est le mûrier. Pour opérer tant de prodiges,
» il a suffi de la culture d'un végétal et de l'éducation de sa
» chenille. Il faut voir le pays dont ils ont changé le destin,
» ces coulées de laves rouges et noires, ces fleuves de cendres,
» ces chaussées de géants, semblables à celles d'Irlande, ces
» masses basaltiques, qui encaissent les torrents et couronnent
» les montagnes : c'est là tout le sol du Vivarais. En face de la
» petite ville d'Aubenas, trois rangs de montagnes s'élèvent en
» amphithéâtre, comme de larges gradins, jusqu'aux Cévennes,
» qui les terminent. Tout le pays a brûlé ; et, si les volcans se
» rallumaient, Aubenas verrait autour d'elle soixante montagnes
» flamboyantes. Eh bien! ces montagnes, longtemps stériles, sont
» aujourd'hui plantées jusqu'à leur sommet ; ces plaines, long-
» temps incultes, sont aujourd'hui vertes et fécondes ; chaque
» village a ses plantations ; les villes mêmes apparaissent comme
» des corbeilles de verdure ; Aubenas est une charmante colline
» couverte de maisons au milieu d'une prairie couverte de mû-
» riers. Le mûrier est partout ; on le croirait indigène, tant il se
» multiplie facilement. Les espaces les plus étroits portent leur
» arbre. Ainsi s'est transformé le Vivarais. Une culture nouvelle
» a changé le sort des femmes, et par les femmes s'est adoucie
» la brutalité des hommes. Voulez-vous civiliser un pays? Don-
» nez-lui une plante utile aux pays voisins, d'une culture aisée
» et qui puisse occuper les femmes et les enfants. Avec cette
» plante, vient le commerce, avec le commerce viennent les
» chemins, avec les chemins viennent les idées ; le commerce

» enrichit, les chemins civilisent. Mais le fait le plus glorieux
» et qui met dans tout son jour la gloire d'Olivier de Serre, qui
» introduisit le premier le mûrier dans le Vivarais, c'est la si-
» tuation des pays voisins. Lorsqu'on arrive au sommet de la
» montagne qui sépare Thueyts de Lanarce, on trouve une vaste
» forêt de sapins, sombre rideau tiré aux limites des deux con-
» trées : le Vivarais et le Velay.

» Là, sous un âpre climat, expire l'arbre qui produit la soie;
» on entre dans un nouveau pays : les montagnes sont nues,
» les terres mal cultivées ; plus de riants vergers, plus de plan-
» tations verdoyantes, plus de doux travaux pour les femmes,
» plus de feuilles à cueillir, plus d'insectes à soigner. Dès lors
» tout change; la beauté physique et la beauté morale disparais-
» sent en même temps. Les femmes, écrasées sous les travaux
» des hommes, vieillissent avant l'âge. Les hommes sont rudes
» et grossiers, les enfants laids et méchants; on dirait une autre
» race. Il n'y a cependant qu'un arbre de moins dans le pays. »

LES

VERS A SOIE

EN 1867

—⸻※⸻—

PREMIÈRE PARTIE

—

ÉDUCATION DES VERS A SOIE DU JAPON ET DES VERS A SOIE EN GÉNÉRAL

—

GRAINAGE

La graine est la base de l'éducation : si elle est mauvaise, il en sort un véritable essaim d'insectes tarés que les soins les plus intelligents ne sauraient faire tourner à profit. Il importe donc à l'éleveur de se procurer une bonne semence.

Dans les temps ordinaires, l'éducateur fait lui-même celle qui lui est nécessaire, et s'épargne ainsi des frais d'achat considérables ; mais il a dû malheureusement renoncer au grainage domestique pour recourir aux graines étrangères, depuis que la *gatine* s'est généralisée dans nos pays.

Néanmoins aujourd'hui, demain, la grenaison pouvant être reprise dans nos milieux, et elle peut l'être même dès à présent pour les races japonaises, ainsi que le démontre l'expérience, nous tracerons ici quelques règles sur le grainage local, applicables particulièremeut au temps actuel.

Les cocons pour graine doivent être choisis dans les chambrées les plus saines, et les éleveurs feront bien de procéder par voie d'échange, afin de renouveler les ateliers chaque année. Ils éviteront cependant avec soin les éducations, même les mieux réussies, qui auront été nourries avec des feuilles provenant de terrains bas et humides, car, si la graine de ces sortes d'éducations est de tout temps mauvaise, elle l'est doublement en temps de *gatine*.

L'appartement destiné à ces cocons sera désinfecté avec du chlorure de chaux que l'on fait dissoudre, et dont on arrose le pavé et les murs. On prépare de la même manière une seconde pièce destinée à l'accouplement, qui sera d'ailleurs disposée de manière à pouvoir y faire l'obscurité à volonté. Ces deux pièces devront être relativement spacieuses, toute agglomération étant particulièrement dangereuse en temps d'épidémie. Il importe peu que les cocons soient passés en chapelets ou étendus sur des claies, si ce n'est que la levée des papillons est plus facile sur les chapelets.

Les métamorphoses s'annoncent au bout de douze à quinze jours, selon la température, à partir de la montée des vers.

Les papillons commençant à sortir dès le soleil levant, les employés doivent être à leur poste de bonne heure.

Si, à leur arrivée, des accouplements ont eu lieu déjà, ils les laissent sur place, et ne s'occupent que des sujets non accouplés. Les mâles sont transportés dans la pièce obscure, et les femelles placées sur des linges disposés perpendiculairement dans l'appartement des cocons. Tous les sujets faibles, mal conformés, maculés de noir, répugnant à l'accouplement, gros outre mesure, durs de ventre, doivent être rejetés, car ce sont autant de signes de *galine*.

Vers les six heures, l'accouplement commence. Il a lieu sur une table, qu'on aura eu soin de recouvrir d'une légère couche de paille et d'une pièce d'étoffe, l'une sur l'autre. On y porte successivement un nombre égal de mâles et de femelles. Lorsque toutes les séries de la matinée sont épuisées, on jette un coup d'œil rapide sur la table, d'où l'on retire les sujets isolés pour les accoupler à part, et l'on sort de la pièce après avoir fait l'obscurité.

Quant aux couples trouvés sur les cocons, on peut les laisser sur place jusqu'à la désunion générale.

On procède à cette désunion à deux heures, en commençant par les couples restés sur les cocons et continuant par ceux qui sont placés sur la table, en les prenant par rang de date. Du reste, la personne qui dirige le grainage doit combiner les choses de façon que chaque mariage ait une durée d'à peu près huit heures, sauf à recueillir les femelles pressées de pondre ; qu'une femelle ne reçoive pas deux mâles ; qu'il n'y ait encombrement ni confusion sur la table d'accouplement, et enfin que les mâles ne servent pas plusieurs fois. Elle a soin, toutefois, de mettre en réserve ceux qui, bien qu'ayant eu un accouplement, lui paraissent très-vigoureux, pour les faire servir au besoin le lendemain.

En ce qui concerne les races japonaises, des cartons

placés horizontalement les uns à côté des autres, et fixés, avec de petites pointes légèrement enfoncées, sur une table, dans la pièce des cocons, reçoivent les femelles, dont les déjections sont enlevées avec un morceau d'étoffe, dès qu'elles se produisent. Quant aux autres races, celles du moins dont la graine *colle*, on peut recevoir les femelles sur cartons ou sur étoffe.

Bref, les œufs japonais sont pondus sur les cartons, disposés ainsi qu'on vient de le voir, et doivent y éclore au printemps. Ces œufs peuvent souffrir du plus petit entassement.

Immédiatement après les dernières pontes, les cartons ou linges sont suspendus, à l'abri de la dent des rats, dans un lieu frais et aéré, jusqu'aux premiers froids, et laissés ainsi en complet repos, pour la bonne formation de l'œuf. Vers le 1er novembre, on les enferme dans des sacs, d'où on ne les retire, pour les exposer à l'action de l'air, qu'une vingtaine de jours avant l'incubation.

On aura soin de tremper d'avance dans une eau décantée de chlorure de chaux, et de faire essuyer à l'ombre, soit les cartons, soit les linges dont on voudra faire usage.

Si, pendant l'automne, il survenait des pluies trop prolongées, il serait utile de placer à côté ou au-dessus de la graine un peu de chlorure sec en poudre ou quelques pierres de chaux vive, pour diminuer autant que possible l'humidité de l'air environnant. De même, si l'hiver est trop doux, comme en 1865-1866, il est prudent d'envoyer la graine dans une région froide, la complète inertie de l'œuf par le froid étant une condition de sa bonne conservation. Cette précaution est particulièrement recommandée pour les graines du Japon reproduites. On évite d'ailleurs ainsi le danger d'une émotion prématurée, qui est toujours nuisible, et souvent un embarras pour l'éleveur.

Je fais remarquer, en terminant l'article du grainage, que la longévité des papillons est un bon signe. Lorsque, au contraire, les sujets meurent au bout de trois ou quatre jours d'existence, il faut en général se défier. J'ai vu, dans d'autres temps, se prolonger jusqu'à douze et même quinze jours la vie des papillons de nos grandes espèces d'Europe ; dans ce cas, le succès des vers était complet.

ÉCLOSION DES VERS A SOIE

Ainsi que nous l'avons dit, les œufs japonais doivent éclore sur les cartons où ils ont été pondus. La chambre de l'éclosion doit avoir été désinfectée quelques jours d'avance. Son plafond ou plancher doit présenter des issues suffisantes pour laisser échapper au besoin le calorique. Dans les jours froids, la chaleur voulue ne s'obtient guère qu'au moyen de brasiers ; si le plancher était sans ouverture, le calorique arrêté par le plafond et accumulé pourrait se rabattre sur la couvée et la dessécher. Dans l'usage, on exprime cet accident par le mot *brûler*. Du reste, si la température extérieure est sèche, il est d'une bonne pratique d'entretenir des vases d'eau dans la pièce, surtout au moment où les œufs commencent de changer de couleur et pâlir. Cette précaution, on le comprend, est moins utile en temps de pluie. Son but est conforme à la nature : les vers naissent le matin ; à ce moment de la journée, l'air est humide, et la coque de l'œuf, amollie par cela même, est plus aisément percée par la petite larve. On supplée donc à cette humidité naturelle par des vases d'eau autour de la graine.

Du reste, je recommande un mode d'incubation, bon et économique, qui est pratiqué par plusieurs éducateurs. C'est une armoire à étagères de corde, offrant au bas une ouverture de 15 à 20 centimètres de diamètre, et deux ou trois dans sa partie supérieure, d'environ 6 centimètres. Un léger brasier est entretenu sous l'ouverture d'en bas. Cette ouverture est fermée avec un plat de terre renversé, et sur ce plat est posé un autre plat plein d'eau.

La température de la chambre, ou, si l'on veut, de l'appareil d'incubation, doit être graduellement élevée de 14 degrés Réaumur à 20 ou 21, en l'augmentant chaque jour d'un degré.

L'éclosion des cartons japonais est souvent fort dure, quelquefois même impossible. Je citerai un exemple dont j'ai été témoin : un carton rendu au marchand comme mort tomba dans l'eau par accident, et y resta pendant plusieurs heures ; il fut séché à un feu doux, puis tenu à une température de 22 degrés, et il finit par éclore presque totalement. Au surplus, on se trouve bien de la pratique que voici : dix ou quinze jours avant l'incubation, faire tremper les cartons pendant vingt heures dans de l'eau passablement salée ; les retirer ensuite et les faire sécher sur la brique. L'eau doit être à la température du milieu où la graine a été tenue.

Dès que l'éclosion se manifeste, ce qui a lieu au bout d'une huitaine de jours d'incubation, des feuilles tendres de sauvageon sont répandues sur les cartons, puis enlevées dès qu'elles sont suffisamment chargées de vers. On égalise les vers des trois premières journées en donnant un peu plus de chaleur et, en même temps, quelques repas de plus aux moins âgés.

Les jeunes chenilles doivent être tenues chaudement, ainsi que la nature l'indique par l'espèce de fourrure dont

elle les recouvre à leur naissance. Leur alimentation doit
être incessante, et la feuille ni humide, ni trop froide;
sans quoi il pourrait s'en perdre un grand nombre. Ce
sont de frêles nourrissons pour qui la mamelle doit être
toujours présente. Les feuilles, coupées et distribuées souvent en petites rondelles posées sur champ, constituent
pour eux cette mamelle.

On augure généralement bien de la couvée : 1° lorsque l'éclosion n'a pas traîné trop en longueur ; 2° que les
jeunes vers foisonnent et ont la couleur gris noir ; 3° qu'ils
s'agitent vivement au moindre souffle ; 4° qu'il y a de
l'égalité entre eux ; 5° que leur odeur ne présente rien
d'anormal.

MUES OU AGES DES VERS A SOIE

Les transformations de notre chenille sont au nombre
de six. La première a lieu huit jours après l'éclosion ; la
seconde, cinq ou six jours après la première, et les
autres de huit jours en huit jours. Cependant l'espace de
temps ordinaire peut varier selon le degré de chaleur.
Les quatre premières sont visibles, les autres ont lieu
dans le cocon.

Chaque transformation produit comme un individu
nouveau, ou plutôt c'est le même être qui passe par
plusieurs gestations : les mues sont ces gestations.

Pendant les deux jours qui précèdent la mue, l'insecte
doit être de plus en plus l'objet de soins constants; il
faut doubler, tripler le nombre de ses repas, en réduisant les rations toujours d'avantage ; lui couper la feuille,
le tenir dans une chaleur douce, l'exciter enfin à se *for-
tifier* pour entrer en mue, crise qui l'oblige à un jeûne
absolu de trente heures. On obtient ainsi au réveil un

insecte *fort et vigoureux*. Ces soins, répétés pendant les quatre premières gestations, donnent à la fin un bétail qu'on a peine à rassasier ; et, lorsque ensuite la récolte des cocons est soumise au poids, on est étonné du rendement obtenu. Il en est du ver à soie comme d'un animal qu'on engraisse : une bonne hygiène, une nourriture appropriée, abondante, soutenue, progressive, tels sont les moyens que les grands éleveurs de bestiaux mettent en usage. C'est de la chair, de la graisse, qu'ils obtiennent ; c'est dans des lobes de soie bien fournis, enrichis, dévidés ensuite en cocons lourds et fermes, que nous retrouvons le fruit de nos soins.

Les premiers repas à la sortie de la mue doivent être modérés et préparés avec soin, la chenille s'étant affaiblie par la crise et par un long jeûne.

Les vers à soie ne doivent jamais être trop serrés sur les tables ; mais cette règle est de rigueur, surtout pendant la mue. Le temps de la crise est marqué dans l'existence de la chenille ; le moment venu, elle cherche une place libre et tranquille pour s'y attacher au moyen de ses fils et muer. Si au temps précis elle ne trouve pas cette place, elle est tourmentée, elle court, cherche, jette ses cordages sur ses congénères, qui les brisent en se déplaçant, dépense ses forces, et finit par tomber à l'état d'avorton.

HYGIÈNE GÉNÉRALE

Au point de vue de l'hygiène générale, il faut considérer la chambrée comme un seul être.

Il est prudent de désinfecter fortement l'atelier et les agrès qui doivent servir à l'éducation, et de disposer les choses de façon qu'il n'y ait jamais trop d'encombrement.

En règle générale, l'atelier doit présenter autant de vide que de plein. Lorsque les tables sont faites en planches, celles-ci ne doivent pas être embrevées; au contraire il est bon qu'il y ait entre elles un interstice par où l'air puisse circuler. Les cheminées à feux clairs doivent alterner avec les fourneaux. Ces derniers ne doivent fonctionner que lorsque la température extérieure est au-dessous de 14 degrés; au-dessus de 14 degrés, on doit se contenter des feux clairs. Les cheminées offrent d'ailleurs ce grand avantage qu'on peut, au moyen de menus bois ou de petites torches de paille, jetés et allumés dans l'âtre, renouveler l'air de l'atelier sans recourir aux portes ni aux fenêtres. Ce renouvellement est toujours utile dans les jours calmes, et on doit le répéter, surtout vers l'époque de la montée, plusieurs fois dans la journée. Lorsque le temps est beau et que la température extérieure est au-dessus de 17 degrés, il n'y a pas d'inconvénient à ouvrir portes et fenêtres, en évitant toujours de le faire brusquement; c'est même quelquefois une mesure salutaire. Il en est autrement dans les jours de pluie; les feux clairs alors doivent être en permanence, et les portes ouvertes le moins possible. Généralement, à partir de la troisième mue, le plancher qui recouvre la chambrée doit être enlevé.

Il faut se pénétrer de cette pensée que, voulant obtenir le plus grand nombre de cocons possible, nous devons, par nos soins, soustraire à la mortalité le plus grand nombre de sujets possible. Dans une éducation en plein champ, c'est-à-dire exposée à toutes les vicissitudes, nous ne sauverions pas assurément la centième partie des vers, et, dans l'état tout à fait sauvage, il doit à peine en échapper assez pour la reproduction de l'espèce. Une récolte est donc subordonnée à la domestication des vers à soie, mais à une domestication où l'on se rapproche le plus possible de l'état de nature en en évitant les inconvénients meurtriers. Tout le secret de l'art est là.

L'atelier est toujours assez humide par la présence de la litière des vers à soie, souvent trop humide. Il est utile d'y entretenir une certaine quantité de chaux vive à partir de la troisième mue, dans la proportion, par exemple, de 2 kilog. par mètre cube d'air. Cette pratique est de rigueur dans les années pluvieuses.

Au bout de huit ou dix repas après chaque mue — et il ne faut pas trop se hâter de donner le premier — la chambrée doit être délitée, bien appropriée, et la litière éloignée de l'atelier. Cette opération doit même avoir lieu deux fois après la quatrième mue, parce qu'alors les vers, étant arrivés à leur plus grand développement, consomment de plus grandes masses de feuilles et accumulent par cela même plus de litière sous eux. Les éducateurs dépourvus de filets de délitement ne sauraient trop recommander à leurs aides de procéder avec soin, afin de froisser et souiller les chenilles le moins possible.

Il est inutile de rappeler combien il est dangereux de remuer une chambrée dès qu'elle se prépare à la crise de la mue. Les éclaircissements, les déplacements de vers, doivent se faire avant les premiers symptômes de la crise.

La température de l'atelier doit être maintenue entre 16 et 19 degrés. Les variations brusques sont souvent funestes et doivent être évitées. Pendant la mue, surtout, l'atelier doit être tranquille, point agité, et chauffé d'une chaleur modérée et constante, ne dépassant pas 18 degrés et ne descendant pas au-dessous de 15. Une température trop élevée pendant la mue engendre la maladie des *arpians,* tandis qu'une trop basse engendre celle des *passis*. Dans l'état ordinaire de la chambrée, une forte chaleur sèche engendre les *têtes claires,* si dans le moment on ne fait pâturer les vers ; une forte chaleur humide et concentrée engendre la *jaunisse* et plus souvent la *muscardine*. Enfin une température humide et froide laisse toujours après elle un certain nombre de *tripes*. Quant à la *grasserie,* elle est généralement le résultat d'un hivernage trop doux de la graine. Les *petits* sont souvent dus à la même cause, l'œuf ayant subi une déperdition ; mais ils peuvent être aussi un signe d'affaiblissement dans la race élevée.

Les repas journaliers, sauf ce qui a été dit à l'article des mues, doivent être au moins au nombre de trois, et les rations proportionnées à l'appétit des vers. Il faut éviter de leur donner des feuilles mouillées ; ce n'est qu'à son corps défendant qu'on doit s'y résoudre, surtout en temps d'épidémie. Le cas arrivant, on agitera les feuilles avec plus de soin avant de les répandre, et l'on ne servira que des moitiés, des tiers de repas, sauf à compenser par le nombre. On doit être plus minutieux encore pour les feuilles mouillées par une pluie d'orage, par la rosée du matin, et plus encore pour celles qui seraient empreintes de *miellée,* reconnaissables à leur toucher poisseux. Il importe que chaque repas soit préparé un instant d'avance dans un local aéré, pour faire perdre aux feuilles la fraîcheur humide qu'elles apportent de la cave. Enfin, si l'éducateur a diverses plantations de mûriers, les unes sur coteaux et les autres en terrains bas et aqueux, il agira sagement d'alterner les repas avec ces différentes provenances de feuilles.

Si l'éducation est saine et robuste, les vers ont un appétit insatiable pendant les quatre ou cinq jours qui précèdent la bruyère. C'est alors que l'éducateur soigneux de ses intérêts se multiplie pour faire ramasser des feuilles, en remplir ses magasins, les bien agiter, préparer, renouveler l'air de ses ateliers, les chauffer au besoin, faire pâturer son bétail, le forcer à *s'engraisser*. Ce sont, pour lui et pour ses aides, quatre ou cinq jours de travaux forcés, sans repos, sans sommeil ; mais enfin le bétail prend le chemin du bois, y grimpe, s'enferme dans son cocon, et tout est fini.

Nous terminerons cet article par un mot touchant les chenilles japonaises. Au moment de la montée, ces chenilles sont engourdies, humides, gonflées d'eau ; elles arrivent lentement à la bruyère, quelques-unes même plongent dans la litière pour y former un mauvais cocon et quelquefois y mourir. La chaleur est le seul remède contre cet inconvénient.

On élève donc la température de l'atelier de quelques degrés, non point avec les fourneaux, mais avec les feux *pétillants et vifs* des cheminées ; les chenilles transpirent alors, laissent échapper la surabondance d'eau qui les roidit, et, ainsi dégagées et souples, montent prestement sur le bois.

DES MALADIES

Les maladies qui attaquent nos insectes sont : la *gatine*, la *muscardine*, les *tripes*, la *grasserie*, la *jaunisse*, les *têtes claires*, les *arpians*, les *passis*, les *petits*.

Nous ne nous arrêterons qu'aux deux premières, car, dans une chambrée bien conduite, les autres ne peuvent faire que des ravages peu importants. Nous en avons dit d'ailleurs un mot dans le précédent chapitre.

La *gatine* est ce fléau qui met aux abois l'industrie séricicole, qui a ruiné d'innombrables familles de propriétaires, qui a fait maudire le mûrier, sa chenille et leur immortel introducteur; elle remonte à diverses causes et surtout à une perturbation atmosphérique qui a stigmatisé la pomme de terre, la vigne, le mûrier, tous les végétaux enfin. Du végétal, le mal est descendu dans l'insecte, qui a fini par dégénérer au point de ne donner désormais qu'une progéniture infirme et contaminée. Nous avons lutté quinze ans contre cette maladie; le champ de bataille lui est resté. Les vieilles races d'Europe seront difficiles à reconstituer; la tête plonge dans une longue lèpre qui a vicié le sang, et il est à craindre que les hérédités ne puissent se laver jamais complétement. Cependant ne désespérons pas : à une autre époque la maladie ravagea nos contrées; elle cessa, elle cessera de même de nos jours.... Mais n'anticipons pas, laissons là la *gatine*, réservons-lui un cercle plus large. Elle fera à elle seule la matière de la deuxième partie de cet ouvrage. C'est la *muscardine* surtout que nous avons eu en vue dans le présent article.

Cette maladie, autre grand ennemi de nos chambrées, est moins répandue que la *gatine*, mais plus constante dans ses causes et non moins désastreuse là où elle pénètre. Elle accompagne le ver à soie dans tous les lieux, dans tous les pays et toujours; elle est inhérente à sa litière. Elle semble sévir préférablement sur une éducation robuste, et souvent l'éleveur voit sa récolte emportée au moment où elle lui paraît le plus assurée. Il faut donc l'éviter.

Nous allons tâcher d'en montrer la cause, afin que, cette cause étant reconnue, nous puissions plus aisément la prévenir.

Les débris végétaux, les végétaux en décomposition,

présentent tous des parasites, comme l'animal souffreteux ou mort offre les siens. Ces parasites sont , les uns , visibles à l'œil nu , les autres microscopiques ; celui de la litière appartient à la dernière catégorie. C'est un champignon du genre *botrytis* , d'après Bassi , de Lodi. Ce parasite, toujours à l'état latent, ne se développe que dans des conditions données ; les plus apparentes sont la fermentation de la litière , l'humidité chaude , un certain état de l'atmosphère connu sous le nom de *touffe,* précédant l'orage, le tonnerre, et amenant ordinairement les deux autres. Une fois développé, quelques heures lui suffisent pour fructifier et se reproduire. Sa semence imaginaire , disséminée dans l'air, s'attache aux agrès , aux parois des murs, retombe sur les tables et s'introduit même, soit par la nourriture , soit par l'aspiration, soit enfin par inoculation , dans l'insecte, qui , rampant sur la litière et faisant corps avec elle , étant presque de sa nature , se transforme en une sorte de sol propre au petit végétal. Il y a dès lors lutte entre la vie animale et la vie végétale ; si celle-ci , favorisée de plus en plus , l'emporte — on vient de voir les conditions qui la favorisent — bientôt se produit le phénomène connu sous le nom de *muscardine.* Le ver meurt , se momifie en quelques heures et se recouvre bientôt de cette efflorescence rouge ou blanche, qui , d'après Bassi , n'est autre chose qu'une forêt de champignons parfaitement aperçus au microscope.

Telle est l'origine de la muscardine. Ce fléau est redoutable, mais il ne se produit qu'avec difficulté : la nature, en général, se défend contre les parasites ; s'il en était autrement, ils envahiraient le globe. Cependant le phénomène peut se produire à chaque instant, dans tous les ateliers , dans les uns , toutefois, plus aisément

que dans les autres, dans une saison plus que dans l'autre;
l'automne, par exemple, époque de décomposition et
de débris, est plus particulièrement sa saison. Il faut
autant que possible le prévenir.

Lorsque j'étais enfant, j'allais dans les châtaigneraies
chercher des champignons de table. Ma jeune expérience
m'avait appris qu'un temps serein, agité par un vent sec,
favorise peu la naissance des oronges, et qu'au contraire
un temps humide, calme et chaud, en donnait abon-
damment. Je m'abstenais donc ou j'allais selon le temps.
J'ai puisé dans ce simple souvenir d'enfance toute ma
pratique contre la *muscardine*. Cette pratique, qui m'a
constamment réussi, est la suivante :

Si j'ai soupçonné dans mon atelier et sur mes agrès
la présence de sporules muscardiniques, j'ai désinfecté
le tout avec des solutions de chlorure de chaux ou de
vitriol. Ensuite, pendant l'éducation, j'ai entretenu constamment de la chaux vive et du chlorure en poudre
dans l'atelier, distribuant la chaux par tas sur le sol et le
chlorure dans la partie haute pour en absorber l'humidité autant que possible. En outre, dès que le temps m'a
paru trop calme, lourd, *touffeux* enfin, j'ai usé de feux
de flamme, établi des courants d'air, en évitant de mon
mieux leur passage direct sur les vers; j'ai fait enfin tout
ce qui m'était suggéré de contraire à la nature du champignon. Enfin tout le monde sait que l'on obtient des
champignons par des moyens artificiels: terreau, fumier,
cave, humidité, blanc de champignon; il faut prendre
le contre-pied, user de moyens inverses pour combattre
le nôtre.

ÉDUCATIONS AUTOMNALES

L'utilisation des secondes feuilles a longtemps préoccupé les sériciculteurs. Ces feuilles, moins soyeuses que les premières, n'en restent pas moins l'élément d'une récolte sérieuse. Dans toute alimentation, la quantité peut suppléer à la qualité et la qualité à la quantité. 30 kilogrammes de feuilles de sauvageon, par exemple, équivalent, dans l'alimentation de nos chenilles, à 45 kilogram-mes de feuilles greffées ordinaires.

Un obstacle d'abord, une objection ensuite, ont arrêté les éleveurs. L'obstacle était dans l'impuissance de retarder l'éclosion des œufs jusqu'à une époque convenable. Cet obstacle a disparu devant l'invention d'appareils *de retard*, d'où la graine sort au mois d'août *aux trois quarts* parfaitement conservée.

L'objection a trait au mûrier. On a craint de lui nuire en le dépouillant une seconde fois. Évidemment, en ne le dépouillant pas du tout, l'arbre ne s'en trouverait pas plus mal; mais nous ne cultivons pas le mûrier pour lui-même.

J'entrerai, du reste, dans quelques détails.

On peut, sans inconvénient, sauf dans les zones trop tardives, élever la récolte d'automne jusqu'au cinquième de celle du printemps. Ainsi, lors de la confection de la graine, on doit avoir en vue les deux récoltes. Si, par exemple, l'éducation du printemps est de 250 grammes, il faut ajouter 50 grammes à cette quantité et 15 grammes de plus pour faire face au déchet. La provision totale sera donc de 315 grammes, dont 250 grammes seront consacrés à la chambrée du printemps, et 65 grammes envoyés dans l'appareil de retard pour servir à celle d'automne. Les éleveurs d'une contrée pourraient faire un envoi collectif en inscrivant leurs noms sur leurs cartons, linges ou boîtes respectifs, pour les reconnaître ensuite. Les envois doivent avoir lieu en février.

Les œufs sont extraits de l'appareil vers le 15 août et éclosent quatre ou cinq jours après. Ils ne devraient être extraits que le soir et n'être transportés que la nuit, afin de leur éviter une trop brusque transition de température.

C'est donc vers le 20 août que les vers éclosent. A cette époque, la température extérieure suffit, elle est même parfois excessive dans le jour. On remédie à cet inconvénient par la fréquence des repas ; de légers feux dans la nuit sont salutaires.

Dans les quatre premiers âges, la consommation des feuilles est peu considérable, une plantation de mûriers ne saurait en souffrir.

Elle est, pour une once de 25 grammes :

Dans le 1er âge, de...........	3	kilog.
Dans le 2me — de...........	9	—
Dans le 3me — de...........	30	—
Dans le 4me — de...........	90	—
Dans le 5me — de...........	550	—
En tout...............	682	kilog.

On voit, par ces chiffres, fournis par Dandolo lui-même, si minutieux dans sa pratique, que la consommation sérieuse des feuilles ne porte que sur les cinq ou six derniers jours du 5me âge de la chambrée, et par conséquent coïncide avec l'époque où les feuilles commencent à tomber d'elles-mêmes. Il est vrai que les chiffres qui précèdent s'appliquent à l'éducation du printemps et doivent être un peu élevés pour celle d'automne, mais la proportion reste la même. Or la cueillette des feuilles ne saurait nuire au mûrier lorsqu'elles cèdent sans effort à la main de l'ouvrier. L'éducateur doit d'ailleurs se guider

sur le temps. Si la saison est précoce, il presse la chambrée ; dans le cas contraire, il en ralentit la marche, de
manière à faire accorder la *grande frèze* des vers avec la
maturité des feuilles.

Un seul obstacle pourrait contrarier les éducations
d'automne : c'est la muscardine, que cette saison favorise ; mais nous avons vu dans le chapitre qui précède
que l'on pouvait aisément vaincre cet obstacle.

En somme, l'éducation d'automne est une source nouvelle de richesses dont les populations séricicoles devront
profiter, et qui réduira de 15 à 20 millions les achats
étrangers, auxquels la fabrique française ne consacre pas
moins de 50 millions de francs par an en temps ordinaire.

DEUXIÈME PARTIE

LA GATINE, SES CAUSES, MOYENS D'Y REMÉDIER

LA GATINE, SES CAUSES

Je demande la permission de rappeler ici quelques-uns de mes petits travaux séricicoles : ce sera comme une introduction à des considérations d'actualité qu'on pourra ne pas trouver dénuées d'intérêt.

J'ai publié, en 1846, un petit ouvrage intitulé : *de l'Éducation du ver à soie*. M. le chevalier Bonafous, de Turin, m'en ayant fait demander un exemplaire par M. Marc-Aurel, de Valence, je reçus du célèbre sériciculteur la lettre suivante :

« Monsieur, l'école italienne a trouvé en vous un
» excellent interprète. C'est ce que je vois par l'opuscule
» que vous avez eu la bonté de me faire parvenir. Cet
» écrit renferme en peu de pages les meilleurs procédés,
» les procédés les plus appropriés à l'hygiène du ver à
» soie. Permettez que, en vous faisant mes remercîments
» les plus sincères, je vous exprime toute ma satisfaction.
» En même temps, j'oserai vous prier de faire retirer

» de chez mon éditeur, à Paris, un exemplaire de ma
» version française de *Vida*. Cet ouvrage n'ajoutera rien
» à vos connaissances séricicoles, mais vous m'obligerez
» de l'agréer comme un témoignage de ma gratitude et
» du respectueux dévouement, etc. »

Dans le *Courrier de la Drôme et de l'Ardèche* du
17 juillet 1858, j'ai publié un article où je constate un
commencement de *décousu* dans les éducations, mais
sans prévoir alors toute l'étendue des maux qui allaient
frapper l'industrie soierière. La même feuille, numéro
du 20 avril 1851, reproduit encore un article que je
consacre entièrement à la maladie dite *muscardine*.

A partir de cette dernière époque, je voyais le nouveau
fléau naître, je *l'entendais* se développer ; je restai dans
l'expectative.

Au printemps de 1853, un fait étrange fixa mon attention. Je l'avais remarqué déjà sur la vigne, sur le rosier,
sur d'autres végétaux. Cette fois, c'était le tour du mûrier.
Les feuilles de cet arbre, à peine développées, se cou-
vraient de fortes taches, se recroquevillaient et tombaient
comme en automne, présentant en même temps à l'odorat
une puanteur dont les éleveurs se montrèrent inquiets.

Je m'empressai pour mon compte d'adresser des
feuilles malades à Son Excellence M. le Ministre de l'agriculture pour être examinées, lesquelles donnèrent lieu
au rapport suivant:

« De nouvelles feuilles de mûrier malades ont été tout
» récemment adressées par M. Gagnat, de Joyeuse, à
» M. le Ministre de l'agriculture, du commerce et des
» travaux publics, qui les transmet à la Société impériale
» et centrale d'agriculture, pour connaître son opinion

» touchant la nature du mal et les moyens à mettre en
» usage, s'il en existe, pour le prévenir ou y porter
» remède. Ces feuilles ont été renvoyées à mon examen
» par M. le Président, et je viens vous rendre compte de
» mes observations.

» La simple inspection des feuilles de l'Ardèche
» transmises par M. le Ministre m'a montré qu'elles
» portaient, à quelques différences près, les mêmes
» altérations que celles reçues du Gard, du Cantal et de
» Vaucluse, sur lesquelles j'ai eu l'honneur de lire, dans
» la dernière séance, un rapport qui m'est commun avec
» mon honorable confrère M. Robinet.

» Ces différences dont je viens de parler consistent
» principalement dans la nuance des taches sur les-
» quelles se montre le parasite *fusisporium cingulatum,* et
» dans la couleur primordiale de celui-ci. C'est ainsi que
» j'ai pu observer le champignon sur une feuille à peine
» altérée dans sa couleur verte normale, bien loin de
» présenter ces taches de rouille que j'avais toujours
» vues jusqu'ici en être le siége. A moins que cela ne
» tienne à la nature de la feuille, qui semble appartenir
» à une variété différente de mûriers, je ne saurais
» véritablement dire d'où peut dépendre cette circon-
» stance encore inaperçue ; mais je pense qu'il doit en
» être tenu compte pour compléter l'histoire de notre
» parasite.

» Toutefois ce n'est pas là le cas le plus ordinaire, car
» avec l'âge se manifeste toujours la tache brune dont
» il a été question dans le premier rapport.

» La seconde particularité que j'ai notée en examinant
» les feuilles adressées par M. Gagnat, de Joyeuse, c'est
» que, dans l'origine, le *fusisporium* offre une nuance
» incarnate passant au gris lilas avant d'arriver au brun,

» qui est la couleur de l'état adulte : ces différences n'en
» apportent d'ailleurs aucune dans l'organisation du
» champignon.

» Je terminerai en ajoutant que j'ai pu m'assurer sur
» ces derniers échantillons que le parasite est endogène,
» c'est-à-dire qu'il naît sous la cuticule de la feuille,
» qu'il déchire bientôt pour se montrer à sa surface, et
» qu'il n'est pas primitivement nu.

» Quant aux causes présumées de la maladie et à la
» description du champignon qui l'occasionne ou l'accom-
» pagne, je ne puis que renvoyer à ce qui a été dit dans
» le rapport précédent.

» J'éprouve un bien vif regret d'être obligé d'avouer
» que ces causes, qui paraissent résider dans les con-
» ditions météorologiques et conséquemment sont hors
» de notre portée, ne nous laissent que peu d'espoir d'ar-
» river à trouver un remède ni même un préservatif
» efficace contre cette grande calamité pour l'industrie
» séricicole. — MONTAGNE, signé. »

En présence de ce rapport, je serrai de plus près mes
observations. Dans cette même année 1853, entendant
divers éleveurs se plaindre d'un mal inconnu qui envahis-
sait leurs vers à soie — les miens (graine locale) résistèrent jusqu'en 1855 ; mais cette année ils furent détruits
tout à coup jusqu'au dernier — je visitai plusieurs
ateliers. C'est là que j'ai pu constater d'une manière
précise, pour la première fois, le mal dont nous étions
menacés : des inégalités inaccoutumées sur les tables,
des chenilles repues, bien développées, et puis se rapetis-
sant comme aspirées par un agent occulte ; se réduisant
à de petits vers fiévreux, inquiets, pressés de jeter sur
les claies, sous forme de tapisserie, un fil brillant dévidé

de leurs museaux amaigris et pointus ; essayant quelquefois d'un cocon informe, se précipitant le plus souvent
sur le bord des tables pour y mourir. Je devais constater
plus tard sur le ver des taches noires qui ont reçu depuis
le nom de *pébrine*, et plus tard encore quelque chose de
plus insolite : des vers de belle apparence refusant la
bruyère au jour marqué, mangeant pendant huit ou dix
jours encore avec voracité, et puis enfin mourant vides
de soie, réduits à de simples boyaux remplis d'eau.

Je ne publiai rien jusqu'en 1856. A cette époque, je
fis insérer dans le *Messager du Midi*, numéro du 28 juin,
le résultat des observations auxquelles je m'étais livré
dans l'intervalle. « On ne saurait douter, disais-je dans
» cet article, que l'intempérie des saisons ne soit la
» principale, sinon l'unique cause de la dégénérescence
» de nos races. Les premiers symptômes du fléau géné-
» ralisé datent en effet de 1852, année si pluvieuse et si
» humide, qu'une sorte de moisissure avait gagné jusqu'à
» la graine des vers à soie. Les années suivantes ont été
» loin d'être plus favorables. Outre que ces désordres
» atmosphériques ont dû agir d'une manière directe sur
» l'organisme de la chenille, celle-ci en a été atteinte
» aussi dans son aliment. On se souvient de la ma-
» ladie étrange qui, au printemps de 1853, attaqua nos
» feuilles de mûrier ; quoique moins apparente dans les
» années qui ont suivi, cette maladie n'en a pas moins
» subsisté; et évidemment elle a eu cette année assez d'in-
» tensité, si du moins on en juge par l'odeur nauséa-
» bonde des feuilles et par le résultat final de la récolte. »

En 1857, j'essayai d'un petit grainage basé sur la
diaphorèse (dégorgement des papillons par l'emploi du

soufre, etc.); mais, soit que le moyen fût insuffisant, soit que le mal fût monté à son plus haut point d'intensité, soit enfin qu'il y eût encore trop de sujets réunis dans ce grainage, les œufs obtenus ne donnèrent qu'un quart de récolte. Quoi qu'il en soit, je ne persistai pas dans cette méthode.

Serrant toujours de plus près la cause du mal, je publiai, en 1858, une petite étude, dans laquelle je fis des efforts pour démontrer que cette cause, en tant du moins qu'immédiate, était dans les feuilles, engageant les éleveurs à les saupoudrer de soufre, sinon sur l'arbre, la chose paraissant difficile, du moins dans la cave. Une série d'étés pluvieux s'était produite à cette époque (j'appelle un été pluvieux par rapport à nos insectes, lorsqu'il y a fréquence de pluie entre le 1er mai et le 1er juillet); je rapprochai ce fait d'observations qui remontent à 1739. Vers cette époque on se plaignait d'insuccès nombreux dans les vers à soie, et M. Rast, agrégé au collége des médecins de Montpellier, fut chargé d'en rechercher les causes, et adressa au gouverneur du Languedoc le rapport suivant: « Pour ce qui concerne le premier abus sur la » manière de nourrir les vers à soie, il convient de vous » observer ou plutôt de vous rappeler, ce qui est » connu de tout le monde, que plus les mûriers » sont dans un pays sec et aride, et leur feuille » par conséquent plus ferme et moins nourrie, moins » souvent on voit devenir infirmes et périr les vers » à soie; plus au contraire les mûriers naissent dans » un terroir aqueux ou fertile, et leur feuille par une » suite nécessaire étant plus molle et plus succulente, » moins aussi les vers à soie réussissent. J'ai observé que » les vers à soie de 4 à 5 onces font communément plus

» de cocons et beaucoup meilleurs, étant nourris de cette
» première feuille d'un terroir aride que ceux de 12 à
» 15 onces, nourris avec une feuille trop succulente.
» C'est par cette raison qu'on ne voit jamais si bien réus-
» sir les vers à soie dans nos îles du Dauphiné et dans
» les autres plaines le long du Rhône et des autres rivières,
» que ceux des contrées sèches et moins fertiles....
» Il résulte de tout ce qui précède que plus la feuille de
» mûrier est sèche et moins nourrie, mieux les vers à
» soie réussissent ; au contraire, que toute nourriture
» trop humide et trop succulente leur est nuisible et
» funeste. »

J'appuyai donc ma démonstration, dans ce travail de
1858, notamment des observations faites par M. Rast
en 1739. En généralisant, en effet, la cause de mortalité
qu'il signale, nous avons l'énigme de la mortalité d'aujourd'hui et de l'épidémie qui en a été la suite ; or cette
généralisation est résultée naturellement des années
pluvieuses que nous avons eues depuis 1846 et avec plus
de suite depuis 1851.

Cependant mes efforts, ainsi que ceux d'autres prati-
ciens, restèrent perdus, car une autre opinion prévalut à
partir de 1858. Cette année fut exceptionnelle entre 1852
et 1866. A la faveur de sa *météorie* excellente, les mûriers,
les vignes, tous les végétaux se couvrirent du feuillage le
plus irréprochable. Le prix du vin baissa de plus de moitié;
celui des cocons tomba de 8 à 5 fr. le kil. Or c'est juste
cette même année qu'une Commission scientifique se
transporta dans le Midi pour étudier les maladies dont
on s'y plaignait. Elle dut naturellement emporter du
pays des impressions favorables sur l'état de la végétation,

3

et ne point attribuer par conséquent à cet état la maladie des vers à soie.

Depuis lors la question est restée dans ce sens. Je publiai encore quelques autres articles, mais tous sans résultat.

J'en reproduirai néanmoins un ici, publié par l'*Écho de l'Ardèche,* en juillet 1858, à titre de preuve de la température exceptionnelle de cette même année, et aussi pour montrer quelles étaient à ce moment mes propres impressions; il a de l'intérêt d'ailleurs comme étude:

« Juin 1858. — La question la plus importante à étudier pour les éducateurs de vers à soie est, sans contredit, celle qui se rattache à la formation de la graine.

» Le ver reproducteur s'est montré mauvais dans le département de Vaucluse dès 1845, et, comme conséquence, beaucoup de chambrées échouèrent l'année suivante. La *gatine* avait fait son apparition.

» Cette maladie, d'abord hésitante, stationnaire, ou n'avançant que d'une manière peu sensible, fit, en 1852, sous l'influence d'un printemps humide, des progrès très-rapides dans nos contrées.

» Elle frappa les races des vers à soie, comme la petite vérole frappe les hommes, c'est-à-dire l'espèce entière. C'est ainsi que nos plus belles races des Cévennes, celles d'Espagne et d'Italie, ont été successivement détruites; et il n'est pas jusqu'à la plus vicace et la plus belle de France, celle dite *André-Jean,* qui n'ait succombé cette année.

» Mais, hâtons-nous de le dire, cette maladie est en décroissance.

» Nous fondons notre opinion sur le changement visible qui s'est opéré dans les conditions météorologiques et spécialement sur ce fait pratique, résultant sans doute de ce changement même, que toutes les provenances ont donné, dans cette dernière campagne, chez un éducateur ou chez un autre, un certain rendement, contrairement à ce qui avait eu lieu les années précédentes. En d'autres termes, toutes les races, sauf un petit nombre d'exceptions, ont eu une certaine aptitude de réussite, et chacune d'elles a donné des produits en rapport, selon nous, avec les soins de l'élevage et l'état présent de l'atmosphère.

» Mais qu'il nous soit permis de reproduire ici un travail que nous avions préparé dans le mois de juin 1856 et qui n'est pas sans relation avec l'opinion que nous venons d'exprimer; il offre quelques points intéressants, d'ailleurs :

« Nous disions notamment, dans un précédent article, » que le ver à soie était attaqué dans son *essence*. Cela » nous paraît toujours très-vrai.

» La métamorphose est comme l'incubation de l'étalon » lui-même : c'est dire combien il importe que cette phase » se passe dans un milieu favorable. Le papillon qui » naît de cette métamorphose et qui n'est autre chose » que le ver arrivé à son état parfait, ne vit de cette » nouvelle existence que pour la reproduction. Le petit » être ne mange plus ; toute sa nourriture est désormais » dans l'air ; il n'en est pas d'autre pour cette vie, si » l'on peut ainsi dire, de sensation, dont la durée est » pourtant en moyenne de huit à douze jours. Il semble » dès lors que, si cet air n'a pas en soi toutes les qualités » voulues, la constitution du papillon ne sera pas com-

» plète et la reproduction, par voie de conséquence, ne
» le sera pas non plus.

» Or nous sommes tous frappés de l'état de trouble
» que présente l'atmosphère depuis quelques années,
» comme nous le sommes aussi de la langueur de nos
» insectes à l'état parfait, et du peu de durée de leur
» vie depuis un temps correspondant.

» On trouve dans ce rapprochement sinon la preuve
» complète, du moins une forte présomption que l'étalon
» s'est débilité dans un air appauvri, et avec lui le
» système de la génération qu'il résume.

» On comprend aisément qu'il soit difficile d'élever
» et surtout de faire réussir une progéniture sortie de
» conditions anormales. C'est un vice originel auquel il
» semble impossible de remédier. Si, à cette chance
» mauvaise, déjà bien grande, la saison vient ajouter ses
» intempéries, gâter, par exemple, l'aliment dont le
» ver se nourrit, la lutte n'est plus possible, et alors le
» succès, si succès il y a, ne peut plus être dû qu'à un
» de ces miracles que la nature se plaît à nous montrer
» quelquefois.

» Ce que nous venons de dire appelle naturellement
» d'autres réflexions, et peut-être de proche en proche
» arriverons-nous à soupçonner quelque correctif.

» Depuis environ cinq ans, la dégénérescence de nos
» races va toujours croissant, et nous remarquons que,
» pendant la même période de temps, le tonnerre, qui
» développe l'électricité, s'est de moins en moins fait
» entendre.

» Or ce rapprochement nous a d'autant plus frappé,
» qu'il nous est revenu dans l'esprit le souvenir des
» lignes suivantes, écrites par l'abbé Boissier des Sau-
» vages dans son travail sur les vers à soie :

« Cette température (il parle du vent frais du nord-
» est dans un temps serein), la plus favorable en général
» pour nos éducations, est celle en même temps où l'air
» est plus électrique et où les expériences de l'électricité
» réussissent mieux. Il paraît, par celles que ce phéno-
» mène a donné occasion de faire, que le fluide qui y
» joue un si grand rôle pénètre tous les corps, et que,
» passant par ceux des animaux, il en agite les humeurs,
» les échauffe, les divise, les fait transpirer.

» Il semble surtout avoir des rapports bien marqués
» avec l'état de santé et de maladie de nos insectes ; en
» sorte que tout ce qui arrête ou ralentit l'électricité
» jette dans la langueur les vers à soie ; au contraire, ce
» qui met en jeu ce fluide contribue à les rendre sains
» et vigoureux ; c'est ce qu'on peut remarquer par l'ex-
» périence journalière. Car, en premier lieu, les vers à
» soie sont languissants dans les temps couverts, dans
» ceux de pluie et de brouillard, pendant les orages et
» les chaleurs étouffantes de l'été, et c'est précisément
» dans les mêmes circonstances que l'électricité est très-
» faible ou nulle, que les corps électriques par eux-
» mêmes ou par communication ne donnent que peu ou
» point d'étincelles, et qu'en particulier on n'en tire que
» peu du dos des chats. On éprouve de plus que, dans
» nos ateliers trop remplis de vers à soie, il en périt
» beaucoup plus en proportion que lorsqu'il y en a peu
» dans le même espace où il pourrait en tenir beaucoup ;
» ce qui se rapporte aux expériences de l'électricité, qui
» ne réussissent pas aussi bien lorsque la pièce où on les
» fait est trop remplie de monde, et par conséquent de
» leur matière transpirable.

» En second lieu, ces expériences et l'éducation de nos
» insectes réussissent communément bien par un temps

» frais et serein ; or, dans les temps contraires, le feu
» est un bon moyen pour ranimer l'électricité, et c'est en
» même temps ce qu'on a de mieux et de plus simple à
» mettre en usage pour prévenir et pour réparer de
» bonne heure, dans un atelier, les accidents qui sont les
» suites d'un air stagnant, humide, orageux, rempli de
» vapeurs chaudes, soit animales, soit végétales, qui
» attirent le fluide électrique et qui en dépouillent les vers
» à soie. »

» Ces lignes, écrites il y a près d'un siècle, jettent,
» selon nous, quelque lumière sur les causes de la situa-
» tion actuelle.

» Mais, avant de hasarder une application, faisons
» l'anatomie du ver à soie dans son état parfait. C'est
» la femelle que nous allons examiner d'abord.

» On aperçoit dans une femelle, ouverte avec soin,
» une masse d'œufs attachés et roulés en chapelets,
» qui se divisent en deux parties égales, placées de
» chaque côté d'un canal: ce sont les ovaires. Avant
» la formation des œufs, les ovaires se présentent sous
» la forme de vaisseaux ou ligaments capillaires de cou-
» leur blanchâtre, qui viennent se réunir vers le haut
» du thorax, sous le point d'intersection de deux vessies,
» dont l'une à droite, pleine d'air et commune, sans
» doute, à tous les insectes du même genre, et l'autre
» à gauche, pleine de matières liquides de couleurs di-
» verses. Ce rapport est fait par un ligament au vaisseau
» un peu plus gros qui s'insère dans la paroi dorsale.

» Ils vont se réunir aussi par l'autre extrémité, qui
» doit former ce qu'on appelle la trompe des ovaires, à
» un canal auquel on donne le nom d'oviducte. Ce canal
» n'est pour ainsi dire que le prolongement du vagin ;
» au sortir de l'ovaire, les œufs passent par l'oviducte et

» tombent dans le vagin , où ils sont fécondés, Immé-
» diatement au-dessous de la peau , on aperçoit comme
» un groupe de petits vaisseaux contournant sur eux-
» mêmes et se reliant à la vésicule remarquée vers le côté
» gauche du thorax. Ils contiennent une matière couleur
» de brique pilée. La vésicule dont nous venons de parler
» communique avec le grand canal qui se trouve au milieu
» des deux ovaires, que l'on croit être le canal intestinal,
» mais qui ne paraît pas être appelé à une fonction seule.
» Tant que l'insecte a absorbé de la nourriture , ce canal
» doit servir à rejeter le liquide qui s'amasse dans le corps
» du papillon lorsqu'il est nymphe, et, enfin, à porter
» dans la poche principale la matière fécondante.

» La poche dont nous parlons est une espèce de vessie
» pleine d'un liquide de couleur variable, qui apparaît
» dans la partie inférieure de l'insecte. Son volume paraît
» exagéré et prend une tension très-forte, surtout chez
» le sujet maladif.

» Cette poche est bien moins développe lorsque la
» femelle vient de rejeter le liquide jaune brun que tout
» le monde connait et qui n'est autre chose que celui
» dont les linges sont salis ; mais, remarquons que la
» femelle ne fait, cette année, que difficilement l'expul-
» sion de ce liquide, et plusieurs ne la font pas , celles,
» notamment, qui répugnent à la copulation.

» On voit la poche qui vient de se vider se remplir
» promptement d'un liquide couleur brique pilée s'in-
» troduisant par le canal intestinal. Ce liquide est épais,
» visqueux , terreux. Vu au microscope, il ne présente,
» avant sa fécondation, que divers effets de lumière ;
» mais , si le mâle a agité seulement une ou deux fois les
» ailes, nous trouvons le liquide de la même manière,
» mais avec cette différence, qu'on y aperçoit des corpus-

» cules assez semblables par la couleur à un ver à soie
» qui vient de naître, nageant dans le liquide briqueté.
» Lorsque la copulation est complète, cette liqueur est
» jaune mordoré. Les corpuscules, dans ce cas, sont
» infiniment plus nombreux.

» Quelques entomologistes pensent que la semence est
» conservée dans un réservoir, et que les œufs se fé-
» condent à leur passage dans l'oviducte, par la liqueur
» épanchée du col de la poche copulatrice, qui, elle-
» même, serait ce réservoir. Les observations précé-
» dentes viennent confirmer cette opinion.

» Le point de jonction de l'oviducte et du col de la
» poche est caché par deux petites vessies cylindriques
» contenant une matière blanchâtre et communiquant
» ensemble par un col étroit qui se relie à l'oviducte. La
» partie supérieure de celui-ci est un peu plus large que
» la partie inférieure, qui est de la même largeur que le
» vagin. Cela tient à ce que les divers organes de la géné-
» ration viennent tous se réunir sur ce point. Ce sont :
» le col de la poche copulatrice, le double-col des deux
» vessies ou glandes cylindriques et la trompe des
» ovaires. Les deux vessies ou glandes cylindriques four-
» nissent la matière sébacée destinée à donner aux œufs
» l'espèce de gomme qui les attache aux linges sur les-
» quels ils sont pondus.

» Tel est le résultat d'un examen fait très-récemment
» sur une femelle de race à cocons jaunes. Et maintenant
» nous conclurons en deux mots :

» En étudiant l'état interne du papillon, nous pouvons
» remarquer l'exubérance de la poche ou vessie qui est
» regardée comme le réservoir de la fécondation. Tout
» le sort de la progéniture est dans la bonne préparation
» de la liqueur contenue dans cette poche ou vessie. Si,

» d'un côté, le mâle, épuisé par la respiration d'un air
» insuffisant, ne fournit qu'un contingent de liqueur sé-
» minale inférieur ; et, que, d'un autre côté, la matière
» fournie par la femelle soit augmentée par un état par-
» ticulier de celle-ci ; que, en un mot, ces deux *ingré-*
» *dients* de la génération ne soient pas en proportion,
» il semble naturel de conclure à une fécondation impar-
» faite, et, par suite, à la dégénérescence.

» Or, si l'électricité, comme l'enseigne la physique
» et comme l'expérience journalière le démontre, pénètre
» les corps, active la végétation, augmente la transpi-
» ration des animaux, etc., ne serait-il pas possible d'en
» user, le grainage étant placé dans un milieu donné,
» pour procurer au papillon mâle l'énergie nécessaire et
» enlever à la femelle par la transpiration le trop plein
» d'humeurs qui la rend langoureuse et entrave la géné-
» ration, ou donner enfin à celle-ci assez de force pour
» l'expulsion, par les voies inférieures, des matières
» terreuses qui peuvent l'obstrer? Nous ne développe-
» rons pas cette idée, applicable peut-être au ver, à sa
» nourriture autant qu'à l'étalon ; nous en laissons le
» soin à la science. Nous dirons seulement que c'est
» d'après cette idée que nous avons émis, dans un autre
» article, l'opinion qu'une année régulière suffirait pour
» nous remettre en possession de bonnes races, parce
» que, en effet, alors ce serait la nature elle-même qui
» ferait l'expérience.

» Notre travail du mois de juin 1856 s'arrête là. Depuis
nous avons pu nous convaincre, et nous avons essayé
de le démontrer dans une récente brochure, que la
maladie du ver à soie remontait à une première cause,
à la mauvaise qualité de l'aliment dont il est nourri.

L'étalon, qui procède du ver, ou plutôt qui est le ver lui-même, serait donc déjà entaché du mal au moment de la métamorphose ou incubation. Un air défavorable, présidant à cette dernière phase, ne fait qu'ajouter au trouble de l'élément de la reproduction.

» Quoi qu'il en soit, la dernière campagne nous paraît être *cette année régulière* qui doit améliorer notre situation séricicole. La saison ne l'a pas été complétement, mais elle l'a été assez pour faire rétrograder le fléau.

» L'abbé Boissier regarde comme très-favorable à nos insectes le vent du nord-est dans un temps serein, et cette température, en même temps, comme étant celle où l'air est le plus électrique et où les expériences de l'électricité réussissent le mieux.

» Or ce qui s'est passé cette année confirme pleinement l'observation de l'abbé Boissier. C'est, en effet, cette température qui a presque exclusivement régné durant les mois d'avril et de mai, et il est notoire que les éducations qui ont pu se compléter dans cet espace de temps ont généralement eu un bon succès relatif. Au contraire, les ateliers tardifs, ceux qui ont accompli leurs dernières périodes sous le souffle du vent du midi n'ont donné qu'un résultat décevant. Il est d'ailleurs évident que la saison est favorable à la végétation (sauf les accidents occasionnés par des vents violents et passagers) ; le mûrier, notamment, a été beau et sa feuille excellente. L'odeur de celle-ci a rappelé les années où l'on ne soupçonnait encore ni la maladie du végétal, ni celle de l'insecte.

» Le temps est donc venu, et c'est là notre conclusion, où les éducateurs, particulièrement ceux de l'Ardèche, doivent reporter leur attention sur les graines *de pays*.

» Nous n'ajouterons que quelques mots, et c'est au sujet des graines qui viennent d'être obtenues à ce moment même, car il convient de faire des distinctions entre elles.

» Les graines qui ont servi à nos éducations, cette année, viennent de l'étranger : les unes des États d'Italie, la plus grande partie du Levant. Toutes ont montré plus ou moins les signes de la *gatine*. On a vu, pour les unes, périr bon nombre de vers à soie à l'éclosion, pour d'autres dans les mues, pour d'autres enfin dans le cocon même. Une quatrième catégorie a entièrement échappé à la mortalité. Les œufs obtenus de cette dernière classe inspirent confiance et sont appelés à former le noyau régénérateur.

» Que s'est-il passé? Des œufs exotiques nous ont été apportés; ils ont eu tous ou presque tous le germe du mal, non toutefois à un degré égal. Si les sujets qui en proviendront sont élevés dans des conditions mauvaises de temps, de nourriture et de soins, ils périront tous ou presque tous; si, au contraire, ils sont élevés dans des conditions favorables, ils se sauveront tous ou presque tous. Dans le premier cas, la *gatine* aura fait de grands progrès, et les sujets qui auront pu échapper à la mortalité auront trop de temps vécu dans un milieu pestilentiel pour qu'ils puissent être présumés capables de donner une bonne progéniture.

» Dans le second cas, logiquement la maladie aura reculé, et les sujets, alimentés d'une nourriture substantielle et saine, ayant respiré un air sain (ce qui d'ailleurs aura été justifié par un résultat probant), arriveront sains à l'état parfait et ne devront produire qu'une progéniture saine. Or c'est dans ce cas que se trouve la quatrième catégorie dont nous venons de parler.

» A ceci on opposera des précédents. Nous répondrons que, pendant longtemps, une année n'a pas ressemblé à l'autre, et que nous avons vécu au jour le jour. Le temps, en se modifiant, a modifié l'état d'incertitude dans lequel nous nous trouvons.

» Nous sommes donc, nous le répétons, pour la réaction en faveur des graines produites dans le pays. Nous avons dès cette année notre noyau de régénération, grâce à l'industrie, qui n'a pas craint d'aller au delà des mers fouiller les montagnes les plus reculées pour y chercher la précieuse semence. Une bonne année encore, et la régénération de notre insecte sera entière. »

Tel est ce travail de 1858, où l'on peut voir les impressions du praticien lui-même devant la bonne température de l'année, où l'on peut voir aussi que ses convictions sur les causes et la nature dn fléau ne datent pas d'aujourd'hui.

Maintenant il faut se hâter de dire que la bonne année désirée ne vint pas, car l'année 1859 a été une des plus mauvaises que nous ayons eues. Le commencement du printemps fut très-propice ; la vigne, le mûrier, toutes les plantes se couvrirent de feuilles du plus beau vert, mais une longue série de jours pluvieux survint vers le milieu de mai, et, au bout d'une quinzaine de jours, on vit cette belle végétation perdre son éclat, s'affaisser et s'ensevelir comme sous une couche de rouille. L'oïdium suivit de près cette subite transformation et fut très-intense ; la feuille du mûrier reprit sa mauvaise odenr, et la récolte des cocons fut naturellement très-réduite.

Cependant, au commencement de 1863, je me suis adressé à MM. les préfets, députés et membres des conseils généraux. Mon écrit fut inséré dans divers journaux. Mes instances furent entendues, et une première tentative fut faite vers cet extrême Orient, que j'indiquais alors de toutes mes forces, parce que je le considérais comme hors d'atteinte de la *météorie* qui se faisait sentir en Europe. Cette tentative, malheureuse parce qu'elle coïncida avec des troubles survenus au Japon, ne fut pourtant pas perdue pour la cause de la sériciculture. Quelques négociants français, établis au Japon, et dont cette tentative avait éveillé l'attention, parvinrent à faire passer en France quelques envois de semences japonaises, et l'on sait quel rôle cette provenance a joué depuis....

J'arrête ici la note de mes quelques travaux pour traiter avec plus d'unité le sujet que j'ai en vue.

Trois causes ont concouru au fléau qui décime les ateliers des vers à soie :
Le non-renouvellement de la semence ;
Une météorie *particulière persistante ;*
L'entassement des œufs.
Je place ces causes non dans leur ordre d'importance, mais dans l'ordre où elles sont nées.

Il est un principe en agriculture reconnu par tout le monde, et qui est applicable aux vers à soie : c'est le renouvellement de la semence. « On ne peut douter, dit
» l'abbé Boissier de Sauvage, que les vers à soie et la
» graine d'où ils sortent ne s'abâtardissent par une
» suite de générations dans le même atelier ; il n'y a
» qu'une voix sur cela chez les auteurs et chez nos ma-
» gnaniers qui conviennent que, passé trois ou quatre ans
» ou campagnes, on aperçoit un affaiblissement sensible

« dans leur bétail. » L'abbé Boissier ne parle que de l'atelier ; mais l'expérience nous a appris que la contrée devait aussi renouveler ses graines par intervalles, et c'est pour y avoir manqué pendant trop longtemps, qu'avant même la phase actuelle de destruction, de nombreux mécomptes avaient été éprouvés chaque année. C'est que, en effet, l'abâtardissement de nos races n'était pas douteux. Pour ne citer qu'un témoignage à ce sujet, et celui-ci est des plus autorisés, M. Camille Beauvais avait fait venir, en 1846, un petit envoi de graine de Chine dont il fit une éducation à part. Il en rendit compte à la Société séricicole, et voici ce qu'on lit dans son rapport : « Depuis vingt ans nous nous plaignions de
» la conformation des femelles de nos papillons, nous
» regrettions de leur voir si souvent un corps allongé et
» une ampleur qui n'est pas conforme aux lois de la
» nature. Les femelles chinoises nous ont donné de
» parfaits modèles ; leur corps était court, le ventre,
» bien développé, se termine en pointe presque aiguë.
» Le corselet est également court, les ailes bien développées. »

Qui ne reconnaît dans ces femelles *au corps allongé*, *d'une ampleur qui n'est pas conforme aux lois de la nature*, ces grosses et longues femelles, avec plus d'exagération, sans doute, aujourd'hui, qui caractérisent nos grainages locaux depuis douze ans, c'est-à-dire depuis que nous ne pouvons plus obtenir de semence saine ?

Mais ce qui rend surtout sensible l'utilité du renouvellement des graines, c'est l'influence immédiate d'une semence nouvelle dans un pays.

M. Dumas, sénateur, membre de l'Institut, a dressé

deux tableaux de statistique , l'un en 1856, et l'autre en 1857. Dans le premier, l'illustre savant établit la production de cocons en France , par périodes de temps , de 1760 à 1856, et, dans le second , les quantités de graines de vers à soie fournies par l'Italie aux éleveurs français depuis 1846 jusqu'en 1856. Avant 1846 , les éleveurs n'employaient point de graines étrangères.

Or voici un extrait de chacun de ces tableaux.

Tableau de la production de cocons en France par période de temps, de 1760 à 1856

PÉRIODES DE TEMPS	QUANTITÉ ANNUELLE DE KILOG. DE COCONS
De 1841 à 1845...........	17,500,000 kilogrammes.
De 1846 à 1853...........	24,254,000 —
En 1853.............	26,000,000 —
1854.............	21,500,000 —
1855.............	19,800,000 —
1856	7,500,000 —

Tableau des graines fournies par l'Italie

ANNÉES	KILOG. DE GRAINES	ONCES DE 25 GRAMMES
En 1846...	760...........	30,400 onces.
1847...	540...........	21,600 —
1848...	420......	16,800 —
1849...	610...... ,...	24,400 —
1850..	3,620...........	144,800 —
1851...	8,160...........	326,600 —
1852...	9,560...........	382,400 —
1853...	19,680...........	787,200 —
1854...	34,450...........	1,378,000 —
1855...	27,780...........	1,111 000 —
Totaux...	105,580 kil.........	4,223,200 onces.

On voit, par ces tableaux comparés, que la graine
d'Italie a élevé tout de suite la production française
de 17,500,000 kil. de cocons, chiffre moyen annuel de
la période de 1841 à 1845, à 24,254,000 kil., chiffre
moyen annuel de la période suivante, et à 26,000,000
de kil. en 1853. Cette augmentation a d'autant plus de
signification en faveur de l'élément nouveau, que déjà,
dans ces deux dernières périodes, les graines indigènes
étaient considérablement affaiblies et leur rendement
fort diminué. On se souvient que, en 1855, la graine
d'Italie fut employée presque exclusivement. Bien qu'à
cette époque une nouvelle cause de dépérissement vînt
s'ajouter à celle qui nous occupe, cause qui commençait
d'embrasser toute l'Europe, la récolte de l'année fut
encore supérieure de 2,300,000 kil. à celles des années
antérieures à 1846. Quant à l'année 1856, dont la production n'est que de 7,500,000 kil., elle appartient à
la période exceptionnelle dans laquelle nous marchons
encore aujourd'hui.

Je n'insisterai pas davantage sur ce point. Très-certai-
nement le défaut de renouveler la semence en temps
utile a été une des causes de la détresse actuelle des
vers à soie.

Cependant cette cause n'a pas contribué pour la plus
grande part à amener cette détresse. Une autre cause
est survenue, générale, profonde, ayant son champ dans
l'atmosphère, étant présente partout, semant la mortalité dans tous les lieux, faisant naître enfin cette *gatine*
dont le rayon n'embrasse pas moins de mille lieues.
C'est une perturbation atmosphérique persistante dont
les propres causes paraissent ignorées et qui a à peu

près son égale vers la fin du XVIIᵉ siècle. Elle remonte au moins à 1846, mais elle n'a marché avec suite que depuis 1851. C'est dans cette cause supérieure surtout que réside la maladie actuelle des vers à soie, maladie générale comme l'est cette cause.

Je ne rechercherai pas ce qui peut occasionner les longs dérangements dans l'atmosphère, si ces dérangements sont périodiques, s'ils appartiennent à des lois fixes ou sont dus au pur hasard : de pareilles investigations, s'il était utile de s'y livrer, n'incomberaient qu'à la science. Mais je veux constater quelques-unes des manifestations de celui que nous subissons en ce moment, parce que ces manifestations sont elles-mêmes les causes d'autres effets qu'il importe de suivre, et qui expliquent les fléaux dont nous nous plaignons.

La plus saillante d'entre elles est celle-ci : c'est que, depuis 1846 au moins, et avec plus de continuité depuis 1851, les pluies d'été sont d'une fréquence inusitée. A ceux qui n'auraient pas observé d'une manière assez suivie et qui pourraient trouver cette assertion hasardée, je rappellerai notamment la maladie de la pomme de terre et celle de la vigne, deux maladies unanimement attribuées à l'humidité prolongée du sol en été. Je pourrais même ajouter que la rareté des cidres dans le nord-ouest de la France, de 1851 à 1858, n'eut pas d'autre cause. Les années particulièrement pluvieuses sont : 1852, 1853, 1854, 1856, 1857, 1859, 1860, 1861, 1862, 1863.

Il y a encore ces manifestations-ci : que généralement les hivers ont été plus doux que d'ordinaire, et que généralement aussi le mois de mars a été pluvieux, tandis que

le mois d'avril a été sec, ce que l'on sait être une interversion peu naturelle ; et enfin que les vents secs du nord
et du nord-est ont plus rarement soufflé que de coutume,
tandis que les vents humides du midi et d'ouest ont
presque constamment régné.

Telles sont les manifestations les plus apparentes du
trouble atmosphérique actuel. Voyons quelle a pu être
leur influence sur la végétation et sur le petit insecte qui
en est solidaire.

En général, une des conditions du bien-être des plantes
de terre et de la bonté de leurs produits, c'est de vivre dans
un sol qui ne soit jamais trop humide ni trop sec, et que,
surtout dans l'été, l'humidité ne se prolonge pas jusqu'à
produire le refroidissement de la terre. Les plantes dans
cette saison, sont, en effet, comme à l'état de gestation,
et le sein dans lequel leurs forces s'organisent, c'est celui
de la terre. Or, si ce sein reste trop longtemps humide
et froid, et s'il n'est suffisamment chaud, la gestation se
fait mal, les forces sont plus apparentes que réelles, et
les produits en résultant incomplets. Si même cet état se
prolonge trop ou se répète à de courts intervalles, la
plante deviendra soufreteuse, et, par une conséquence
naturelle, donnera naissance aux parasites qui lui sont
propres, genre de monde qui se révèle toujours devant
la souffrance et la mort. Or nous voyons tout cela depuis
nombre d'années. Néanmoins il ne suffisait pas, pour
donner lieu à ce dernier phénomène, du simple refroidissement de la terre, car ce refroidissement est le propre
de tous les terrains aqueux et en plaine, où pourtant
en temps ordinaire le phénomène ne se produit pas,

du moins d'une manière sensible ; il fallait quelques auxiliaires agissant ensemble.

Les longues pluies d'été, l'air humide, ont été ces auxiliaires. Les hivers doux, l'interversion de mars et avril, la suspension des vents secs du nord et du nord-est, ont été aussi des auxiliaires. J'essayerai de montrer de quelle manière ont dû agir ces derniers sur les plantes, et comment même nos chenilles de leur côté ont pu en éprouver un préjudice direct.

Hivers doux. — Tout ce qui vit ou végète sommeille ; c'est une loi de nature. Les plantes ont donc leur temps de sommeil, et ce temps est l'hiver. Or si, au lieu d'un froid ordinaire qui amène la complète inertie de la plante, une surélévation de température vient la tenir en éveil, elle éprouvera nécessairement un malaise, et ses produits s'en ressentiront plus tard.

Mais l'œuf qui renferme l'insecte auquel ces produits sont destinés a également besoin d'un temps de complet repos, temps qui se rapporte aussi à l'hiver ; car, si par l'effet d'une température trop douce, il reste en émotion, il subit inévitablement une déperdition, et, ce qui est plus grave encore, si une épidémie est dans l'air, il reste sous ses coups sans un instant de relâche, tandis qu'une complète inertie l'y aurait soustrait du moins pour un temps. L'hiver doux d'ailleurs, toujours mêlé d'humidité, est comme une sorte d'incubation de l'épidémie elle-même, et le travail de celle-ci n'est par conséquent jamais suspendu. De plus, dans un hiver doux et humide, le mûrier reste trop longtemps le pied dans l'eau, et ses premières feuilles, par suite, ne présentent aux vers naissants qu'une nourriture suspecte, que sa mauvaise odeur trahit.

Interversion de mars et avril. — En temps normal, le mois de mars est sec et venteux, et le mois d'avril tiède et pluvieux. C'est l'inverse qui arrive depuis quelques années. En mars, la végétation va renaître, et ce mois semble appelé à préparer l'air dans lequel elle va débuter, en l'agitant par des vents divers. Quant à la terre, elle doit être sèche pour n'être pas froide, condition nécessaire à l'état présent de la plante.

En avril, les bourgeons, les fleurs sortent ; les plantes sont avides d'eau, comme l'enfant de lait ; le soleil leur plaît aussi et non les grands vents qui secouent, ni le froid rigoureux.

Or toute cette nature souffre s'il y a interversion, si ce qui doit avoir lieu en avril a lieu en mars, et si ce qui doit avoir lieu en mars a lieu en avril. Mais cette interversion n'est pas moins nuisible à nos chenilles. Si mars, en effet, a la chaleur d'avril, les œufs s'émotionnent, l'embryon entre en travail de formation, et ensuite si avril a la froidure de mars, cette émotion, ce travail, sont arrêtés par contrainte, et de là perturbation dans les germes, dont les effets se feront sentir inévitablement plus tard.

Suspension des vents secs du nord et du nord-est. — Enfin il est d'autant plus nécessaire que l'air atmosphérique soit bon autour des plantes, que celles-ci sont immobiles et passives à leur place ; et, pour que l'air soit bon, il faut qu'il soit suffisamment agité et *croisé* par le souffle des vents. S'il est stagnant, il devient mauvais, de même que l'eau dormante. Or il en est à peu près ainsi depuis longtemps, les vents du nord et du nord-est ne soufflant presque plus, ne croisant plus dans nos milieux, et les vents du midi et d'ouest, par contre très-fréquents, ne remplaçant pas leur action, ni surtout leur influence salutaire ; et, dès lors, les plantes ont souffert encore de ce côté.

Voilà en quelques mots l'histoire de la végétation dans la période de 1851 à 1858, pour ne parler ni d'avant ni d'après. Mais continuons :

Une perturbation atmosphérique s'est produite, avons-nous dit, et s'est manifestée en effets très-sensibles, qui à leur tour ont eu des effets non moins sensibles ; l'un d'eux, c'est la maladie végétale.

Pour que la suite des effets de la perturbation atmosphérique s'arrêtât aux végétaux, il faudrait qu'il n'y eût plus rien après ceux-ci ; mais, au contraire, toute une création suit la végétation comme une chaîne rivée ; pas de solution de continuité entre elles. C'est une vie qui va se transformer en une autre vie ; c'est, en un mot, le végétal qui va vivre dans l'animal, de sorte que l'état de l'un se communique à l'autre, et que, si l'un est malade, l'autre ne peut manquer de l'être aussi. Mais, si cela est vrai en général, combien à plus forte raison cela n'est-il pas particulièrement vrai pour le ver à soie qui est si près de la plante, presque plante lui-même, qui n'a d'autre aliment que la plante, qui ne s'assimile cet aliment qu'à l'état frais, qu'au pur état de nature, à qui la brièveté de l'existence ne donne pas le temps de la réaction lorsqu'un aliment vicié a porté le trouble dans son économie.

Tout cela, il est vrai, on le conçoit, on ne le voit pas ; mais il est beaucoup de choses qu'on ne voit pas et qui sont cependant. La source d'eau qui se forme dans le sein d'une montagne, on ne la voit pas ; l'eau qui brille au bas force d'y croire. Poursuivons.

Le mûrier qui a le pied dans l'eau n'a donné de tout temps que des feuilles d'un usage dangereux pour les vers à soie. Cela était vrai en 1739, cela est vrai toujours. C'est ce que savent si bien les propriétaires de terrains aqueux et fertiles que, même en temps ordinaire, ils emploient généralement peu les graines provenant de leurs propres éducations, comme réussissant beaucoup moins bien que celles qui leur sont apportées de pays secs et montagneux. Ce qui est constant d'ailleurs, c'est qu'ils ont été les premiers frappés par la *gatine*, maladie, du reste, endémique dans leurs terrains.

En France, par exemple, c'est vers Cavaillon (Vaucluse), contrée basse, arrosée et fertile, que la *gatine* a débuté en 1845 ; elle a marché ensuite dans l'ordre des pays de moins en moins aqueux et fertiles, n'est arrivée dans les montagnes des Cévennes qu'en 1852, et n'a achevé de détruire leurs races qu'en 1855.

En Italie, Milan, pays de grande production, bas, fertile, largement arrosé, a été frappé le premier. Il a succombé en 1854.

Bergame, montagneux, grande production, a succombé en 1855.

Brescia, grande production, plus montagneux encore, en 1856.

Le Tyrol, petite production, très-montagneux, en 1857.

La Romagne, petite production, pays sec et varié, en 1858.

La Toscane, production moyenne, pays montagneux et très-sec, en 1860.

En Espagne, Valence succombe en 1858, et va demander des sémences à l'île Mayorque, pays très-sec et très-montagneux, lequel a résisté à peu près jusqu'à ce jour.

Portugal. — Ce pays, très-sec et très-montagneux, petite production, races grossières, variété de feuille sauvage et grossière, a résisté aussi à peu près jusqu'à ce jour.

Enfin Nouka, pays humide et en plaine, n'a pas réussi en 1863, tandis que Agdache, qui en est distant de 60 à 80 kilomètres, pays montagneux et sec, a réussi encore en 1864.

Ainsi partout la *gatine* s'est élevée des pays bas et humides, successivement vers les parties montagneuses et sèches, frappant plus ou moins fortement les lieux parcourus, en raison de la production, de la température, et surtout du degré d'humidité des terrains.

Mais serrons notre thèse, et examinons ici ce que c'est que la *gatine,* car nulle part encore nous n'avons décrit cette maladie d'une manière précise.

La *gatine* est une maladie des vers à soie qui a toujours existé, et que cet insecte contracte généralement par l'usage d'une feuille aqueuse et succulente, et dont la partie résineuse est en disproportion avec les autres parties qui la constituent[1]. Cependant cette maladie se restreint à un certain nombre d'individus de la chambrée, si le temps est beau et sec d'ailleurs, et si la race élevée n'est point nourrie de cette sorte de feuille pendant plusieurs années de suite; si, en d'autres termes, on renouvelle la semence à de courts intervalles. En un mot, la *gatine* peut se définir ainsi : c'est un affaiblissement ou abâtardissement de race par un aliment aqueux dont l'usage est prolongé. Telle est la *gatine* ordinaire. Les insectes qui en sont atteints viennent ordinairement mourir au bord des tables et tombent en putréfaction. Quelques-uns restent petits et fuient la feuille vec inquiétude ; d'autres deviennent démesurément gros et

---

[1] Il y a, suivant Dandolo, dans la feuille du mûrier, cinq substances différentes :

1° Le parenchyme solide, ou substance fibreuse; 2° la matière colorante, ou chlorophylle; 3° l'eau; 4° la substance sucrée; 5° la substance résineuse.

La substance fibreuse, la matière colorante et l'eau, si l'on excepte celle qui sert à faire partie de l'animal, ne sont pas, à proprement parler, nutritives pour le ver à soie. La matière sucrée est celle qui nourrit l'insecte, qui le fait grossir et qui forme sa substance animale.

La matière résineuse est celle qui se sépare par degrés de la feuille, et qui, attirée par l'organisme animal, s'accumule, se dépure et remplit insensiblement les deux réservoirs ou vases soyeux qui font partie intégrante du ver à soie.

Cela posé, il est évident que les diverses proportions de ces éléments constitutifs doivent se maintenir exactement dans une feuille pour qu'elle soit parfaitement bonne.

Or, non-seulement ces proportions ont été dérangées par certains effets météoriques, qui ont augmenté l'eau par exemple, et diminué la matière résineuse, mais encore l'éducateur a contribué en un sens à ces dérangements en multipliant à l'excès les espèces de feuilles aqueuses et succulentes, et en retranchant au contraire, de ses champs, le mûrier sauvage, l'arbre par excellence, et les variétés greffées qui s'en rapprochent le plus.

meurent sous les feuilles dans leur embonpoint appa-
rent; d'autres, enfin, se rapetissent après avoir été gros;
ce sont, en un mot, des vers décomposés. Quelquefois
ils se couvrent de taches semblables à des points brûlés.
Je me souviens d'avoir vu cela, même dans nos pays de
montagne, il y a plus de trente ans, particulièrement
dans les *traînards* des chambrées, connus sous le nom
local de *décastonadures*. Novice encore, je ramassais
tous mes *traînards* et les plongeais dans l'eau pour les
laver. A ma surprise, les taches ne disparaissaient pas.
Le bain de propreté en sauvait cependant une partie.

Or généralisons cette maladie, et nous aurons la *gatine*
actuelle avec ses complications, nous aurons enfin l'épidémie des vers à soie. Lorsque celle-ci envahit un atelier,
la chambrée présente dans l'ensemble un aspect terne et
fiévreux, et son odeur est puante.

La *gatine* ordinaire et la *gatine* épidémique ont un
point de départ commun: les feuilles aqueuses, ou, si
l'on veut, les feuilles d'arbres ayant le pied dans l'eau.
Mais la *gatine* épidémique a de plus cette première cause
généralisée, les temps pluvieux, les *auxiliaires* aggravant
l'état de la plante, les parasites pullulant dans celle-ci,
et passant avec la nourriture dans le corps du ver comme
l'ergot du seigle passe avec le pain dans le corps de
l'homme, et ce ver éprouvant lui-même tous les contre-
temps, frappé dans son aliment, frappé dans l'air qu'il
respire, frappé même dans son germe, et tout cela répan-
dant la mortalité partout, rapprochant les foyers d'infection, et finissant par faire un tout assez puissant pour
stigmatiser l'atmosphère elle-même.

Voilà ce que la *gatine* épidémique a de plus que la *gatine* ordinaire; *voilà en un mot le fléau actuel*[1].

Du reste, on trouve entre cette maladie et la maladie de la pomme de terre, par exemple, une analogie assez saisissante. Lorsque, par l'effet de temps humides, la pomme de terre est frappée de maladie, on voit d'abord la tige prendre une teinte de rouille, puis successivement les feuilles se couvrir de taches, se faner, noircir et tomber. Si ensuite on découvre les tubercules, on les trouve couverts de taches, sentant mauvais, et avec des dispositions à la pourriture, si même la pourriture ne les a déjà gagnés en partie. Il en a été ainsi du mûrier et du ver à soie. Par l'effet de temps humides, le mûrier s'est couvert de feuilles tachées, se recroquevillant même quelquefois et tombant. Quelque temps après, on a vu le ver à soie tacheté à son tour, sentant mauvais et tombant en putréfaction.

Il y a cette différence, que le ver à soie ne tenant pas à la plante de la même manière que la pomme de terre, sa maladie ne suit pas de si près celle du végétal. Il est infiniment probable que, si l'on se livrait à des expériences microscopiques sur la pomme de terre malade, on découvrirait dans sa chair et dans son eau des corpuscules qui ne seraient pas sans quelque analogie avec ceux que l'on trouve dans le ver à soie gatineux et dans ses œufs.

[1] Un éminent prélat résume presque toute notre thèse dans la réflexion suivante : « Il est remarquable que les vers périssent, pour la plupart, par atonie après de copieux festins. Ne serait-ce pas la preuve que la température hygrométrique est trop élevée pour eux, et que, frappant d'inertie leurs organes digestifs, elle leur enlève ainsi la puissance et le courage de monter à la bruyère ? »

Je termine là mes observations sur la cause principale de la *gatine*, sauf à y revenir pour les déductions à tirer. Si, du moins, je n'ai pas convaincu, j'aurai planté quelques jalons qui ne seront pas perdus peut-être pour la question séricicole.

Je passe à la troisième cause du fléau des vers à soie, c'est-à-dire à l'entassement de la graine.

Les éducateurs, étant forcés de recourir aux semences étrangères, ont donné lieu par cela même à une industrie nouvelle, celle des graines. C'est dans cette industrie que s'est trouvée cette troisième cause.

Quelques voyageurs ont pris soin des graines autant que possible ; mais d'autres les ont traitées absolument comme une marchandise inerte, les entassant dans des sacs pendant plusieurs mois, les exposant à toutes les températures. Je n'hésite pas à affirmer que cette manière de faire a contribué pour une assez grande part dans les pertes éprouvées par nos départements sérigènes depuis 1857. Elle est tout à fait contraire à la nature, aux idées reçues, à la doctrine. Voici quelque chose, à ce sujet, de nos deux grands maîtres en sériciculture, l'abbé Boissier et Dandolo :

« Il n'y a pas de signe, que je sache, dit l'abbé Bois-
» sier, pour connaître les graines altérées par un long
» transport d'un pays à un autre lorsqu'on le fait sans
» précaution. Ainsi je me borne à indiquer celles que ce
» transport demande ; ceux qui les ignorent ou qui les
» négligent en sont les dupes ou bien ils en font. C'est
» ce que j'appris d'un bon observateur, M. de la Nux,
» conseiller honoraire au conseil supérieur de l'île de

» Bourbon et correspondant de l'Académie royale des
» sciences. Il me marquait, il y a bien des années, le
» succès des envois des graines européennes qu'on lui
» avait faits dans cette île ; il en avait reçu en différents
» temps, dans des boîtes de fer-blanc, de grands et de
» petits paquets, et toujours sans succès. Le trajet
» durait cinq mois ; les plus grandes chaleurs que les
» graines éprouvassent pendant le transport sous la ligne
» n'étaient jamais plus fortes que celles de nos étés ordi-
» naires, c'est-à-dire de 25 degrés au-dessus de zéro
» du thermomètre de Réaumur. Lorsqu'elles arrivaient
» à l'île de Bourbon et qu'on ouvrait la boîte, on était
» saisi par une odeur d'aigre, causée par une efferves-
» cence de la transpiration renfermée des graines qui
» avaient croupi autour d'elles et qui en annonçait l'al-
» tération.

» M. de la Nux s'avisa d'un expédient qui réussit
» toujours depuis ; il recommanda à son commissionnaire
» de faire pondre la graine sur des morceaux de toile
» d'un pied carré, sur chacun desquels il en tenait quatre
» onces ; on pliait la toile en quatre, on mettait un
» carré de mousseline dans chaque pli pour empêcher
» les graines collées sur la toile de se toucher ; on
» couvrait enfin le paquet d'une simple enveloppe de
» papier comme une lettre ordinaire, et la graine, qui
» par ce moyen n'avait été ni entassée ni trop renfer-
» mée, arrivait en bon état.... J'ai cent exemples, con-
» tinue l'abbé Boissier, que de la graine trop entassée
» dans un même paquet s'échauffe également sans être
» transportée et par un long séjour ; il s'y forme,
» comme dans toutes les matières animales et végétales
» entassées, une chaleur intérieure qui la fait transpirer,
» et cette transpiration, plus ou moins retenue ou con-

» centrée, cause dans la graine différents degrés d'alté-
» ration, dont le ver à soie qui en provient ne manque pas
» tôt ou tard de se ressentir....... »

L'odeur d'aigre, que mentionne l'abbé Boissier,
nous est devenue familière dans ces dernières années.
Nous l'avons souvent remarquée, non-seulement dans les
graines, mais même dans les vers, pendant les premiers
âges et quelquefois jusqu'à la fin de l'éducation. Il est vrai
que, en ce qui concerne les vers, deux causes ont agi:
l'échauffement des œufs et la mauvaise qualité de la
feuille; et c'est ce qui fait que, dans ce cas, l'odeur
d'aigre disparaît en partie et fait place à une autre odeur
que je ne puis définir, mais qui est mauvaise et très-
désagréable, et que nos magnaniers appellent le *goût de
la peste.*

Dandolo n'est pas moins explicite que l'abbé Boissier :
« Des maladies surviennent aux vers à soie, dit Dan-
» dolo....... 4° lorsque le lieu où l'on conserve les œufs
» est aussi trop humide : l'embryon souffre toujours,
» étant forcé de rester dans un milieu qui ne permet
» pas à l'humeur contenue dans la coque une lente et
» insensible transpiration, pour se mettre par degrés à
» l'état que la nature lui a assigné ; — 5° lorsqu'on garde
» les œufs trop entassés : dans ce cas, quoique le lieu
» soit sec, la transpiration uniforme des œufs se trouve
» empêchée, ainsi que le contact égal de l'air; d'ailleurs
» les œufs s'échauffent et s'altèrent même à une basse
» température.. »

Telle est la doctrine de l'abbé Boissier et de Dandolo,
sur l'entassement des œufs, doctrine qui leur est commune

avec les Olivier de Serre, les Vida, les Bonafous et autres.
Mais si, suivant cette doctrine, qu'il ne saurait venir
dans l'esprit de personne de contester, l'entassement de
la graine est nuisible en temps ordinaire, quels désastres
ne doit-il pas causer en temps d'épidémie ! car, les œufs
entassés ne formant qu'un corps, l'infection gagne rapi-
dement ce corps tout entier par l'échauffement même,
et quels désastres n'a-t-il pas dû en résulter pendant dix
ans ! Marseille, pour ne citer que cet entrepôt, pourrait
dire combien de millions d'onces sont restées entassées
dans son port, et les éducateurs, combien de récoltes ils
ont perdues par ce fait.

Telles sont les trois causes qui, réunies, ont jeté la
désolation dans l'industrie des vers à soie.

Ces causes étant connues, je passe aux déductions
pratiques, c'est-à-dire aux moyens d'y remédier.

DÉDUCTIONS PRATIQUES OU MOYENS DE REMÉDIER AU FLÉAU

Premier moyen. — Les graines du Japon

Parmi les trois causes du fléau, il en est deux qui sont
dépendantes du vouloir de l'homme : le *non-renouvellement de la semence* et l'*entassement des œufs;* il doit suffire de les indiquer pour que chacun cherche à y obvier ;
l'autre ne l'est pas, puisqu'elle réside dans les conditions
du temps. C'est celle-ci que je retiens.

Cette cause, disons-nous, est hors de notre portée ;
mais, si nous ne pouvons la vaincre en face, nous pouvons la tourner.

Le trouble atmosphérique, dont le noyau paraît être vers la France[1], s'est étendu, on ne peut en douter, au delà de mille lieues, puisque nous savons qu'il s'est fait sentir dans le Caucase, dans le nord de l'Afrique, et sur d'autres points plus éloignés encore; mais il répugne d'admettre qu'il a franchi les six mille lieues qui nous séparent de l'extrême Orient, c'est-à-dire du Japon et de la Chine, car il faudrait admettre aussi qu'il embrasse tout le globe, et lorsque rien ne prouve d'ailleurs jusqu'ici que ces pays ont été atteints. Un des moyens donc de remédier à nos mauvaises récoltes, c'est d'aller demander des graines à ces deux pays. C'est ce que nous faisons depuis trois années, et il est constant que, sans ces provenances, la sériciculture française était à bout. Toutefois, de ce que la perturbation atmosphérique n'a pas atteint la Chine et le Japon, il ne s'ensuit pas que toutes les graines en provenant soient également bonnes et *solides*. Ces contrées ont aussi leurs terrains bas et aqueux; la *gatine* y est endémique comme dans tous les terrains semblables des autres parties du monde, et les graines qui en sortent également prédisposées à cette maladie. Il convient donc que les voyageurs qui vont chercher des semences dans l'extrême Orient évitent ces terrains et ne s'attachent qu'aux graines des parties sèches et pentueuses, les seules propres à nos milieux épidémifiés. S'ils joignaient à cela le choix de belles espèces de cocons, ce qui ne doit pas être impossible

---

[1] Ce trouble n'est peut-être pas étranger aux épizooties de bestiaux dans certains pays humides, et l'emploi du soufre pur sur les herbages des parties les plus frappées ne serait pas peut-être sans quelque efficacité.

(J'ose appeler sur cette note l'attention de l'administration de l'agriculture.)

dans les pays classiques du ver à soie, nous aurions immédiatement au moins nos bonnes récoltes d'autrefois. Quant au prix d'achat des graines, qui est exorbitant, les éducateurs, en s'associant, arriveraient à le faire baisser d'un tiers ou d'un quart.

Mais, objectera-t-on, comment *contrôler* la conduite des voyageurs? Je répondrai d'abord que ceci est une question de confiance personnelle. Pour ce qui est d'un *contrôle* absolument certain, il n'y en a peut-être pas de possible. Cependant, si, comme j'ai tout lieu de le croire, une différence existe, au point de vue des corpuscules, entre les œufs provenant de lieux bas et humides, et ceux provenant de pays montagneux et secs, assurément les investigations si précieuses d'ailleurs auxquelles se se livre en ce moment l'éminent M. Pasteur, nous viendraient en aide. Quant aux espèces de cocons, des dépôts de types, accompagnés de conventions, pourraient être faits dans les mairies. Nous avons en outre la ressource des essais précoces.

Quoi qu'il en soit, les grains de l'extrême Orient sont une nouveauté précieuse et relèveront à coup sûr l'industrie de la soie en France.

Deuxième moyen. — **Graines du Japon reproduites**

Nous avons toutefois un autre moyen à mettre en usage : c'est le grainage local, dans les conditions que je vais indiquer :

Il a été dit plus haut que l'usage des feuilles succulentes et aqueuses était funeste aux vers à soie, et que, par l'effet des intempéries, nos feuilles, en général, avaient contracté cet état. Mais il a été dit aussi que ce n'est qu'au bout de deux, trois, quatre années, que cet usage fait dépérir une race saine.

Nous pouvons donc, pendant quelques années, nous confier à la reproduction des races japonaises et chinoises, de celles en particulier que l'on saurait provenir de lieux montagneux et secs[1]. Néanmoins, comme à cet égard on ne pourra jamais avoir une certitude complète, les éleveurs agiront sagement d'employer chaque année, dans la proportion d'un à trois, les graines d'importation directe, que, sans mêler avec les graines de reproduction, on élèverait dans la même pièce. La présence de ce noyau sain exercera toujours une influence salutaire sur la masse de la chambrée, en faisant solution de continuité dans l'action morbide de l'épidémie. Exemple : un atelier a trois tables en longueur et six en hauteur, en tout dix-huit : les six du milieu contiendront les chenilles d'importation directe, et les douze autres les chenilles de reproduction. On n'a nullement à craindre que celles-ci communiquent la maladie aux premières. — On ne saurait trop recommander cette mesure.—L'éleveur aura d'ailleurs toujours sous la main une semence nouvelle, sur laquelle il pourra greffer pour l'année d'après, s'il s'aperçoit de quelque affaiblissement dans ses vers.

Du reste, j'insiste ici sur deux points :

1° Lorsque l'hiver est doux, placer les graines en pays froid (latitude de 8 à 900 mètres), comme je l'ai déjà dit au chapitre du Grainage, surtout les graines du Japon

---

[1] L'extrême civilisation, toutefois, des races chinoises, surtout des races fines, les rend délicates, et l'on ne doit se livrer encore à leur reproduction qu'avec réserve. Du reste, M. Duseigneur opine vivement pour l'exclusion en général des espèces fines dans nos reproductions : ce que j'ai recueilli dans mes propres observations confirme pleinement l'opinion de l'éminent sériciculteur.

5

reproduites, et les retirer une dizaine de jours avant l'incubation. On aura du déchet cette année pour y avoir manqué, l'hiver ayant été très-doux.

2° N'élever que des graines reproduites, provenant de terrains maigres, pentueux et secs. Il y aura probablement des déceptions cette année à l'endroit de celles provenant de terrains bas et fertiles.

Troisième moyen. — Le petit nombre.

Tout le monde, en outre, désire élever les grandes races jaunes et blanches, dont les cocons sont, en effet, plus rémunérateurs que ceux des races japonaises connues jusqu'ici; mais, depuis plus de douze ans, leur reproduction est devenue presque impossible.

Cependant je vais indiquer un moyen à mettre en usage pour l'obtenir.

Dans ce temps d'épidémie, l'influence du nombre est capitale, et malheureusement les éducateurs — je ne parle pas des producteurs de graine, que l'intérêt pousse aux plus grandes quantités possibles — ne tiennent pas assez compte de ce fait; d'où il suit que non-seulement ils sont dupes, mais qu'ils ont même fait tarir la source des belles races jaunes et blanches du pays. Je m'explique :

Dans les pays de petite production, tels que la Savoie, le Cantal, le Puy-de-Dôme, Maine-et-Loire, les Basses-Alpes, etc., l'épidémie évidemment n'a pas la même puissance que dans les zones de grande production. On y fait de toutes petites éducations, à de grandes distances relativement; le petit nombre sauve la plupart de ces éducations, selon, d'ailleurs, le genre de nourriture qu'on leur donne; on y fait même de la graine qui réussit pendant plusieurs années de suite. Mais voici ce qui arrive. Le succès de ces graines leur fait une renommée, on les demande, elles sont envoyées par petites quantités, elles réussissent ; les cocons sont magnifiques, les voisins s'informent, tout le monde en veut, un spéculateur ouvre l'œil, achète dans la contrée toutes les petites chambrées qu'on fait un peu plus grandes, les réunit, en fait une grenaison, expédie à droite et à gauche ses produits ; mais alors, pareilles à la poule aux œufs d'or, ces graines meurent.

On pourrait donc profiter de l'espèce d'immunité dont jouissent quelques pays de petite production pour avoir chaque année quelques onces de graine de nos anciennes races, mais aux conditions suivantes :

La première, qu'on évitera les éducations nourries avec des feuilles d'arbre ayant le pied dans l'eau ou dans un sol très-fertile ;

La seconde, que la graine sera faite et vendue par le petit éducateur lui-même ;

La troisième, que les petites éducations devant être converties en graine ne dépasseront pas dix ou quinze kil. de cocons ;

La quatrième, que les graines obtenues ne resteront jamais entassées, condition rendue facile par l'emploi des cartons à la ponte.

La cinquième, enfin, que les insectes seront placés et élevés dans les parties les plus aérées de l'atelier.

Le moyen offre quelque difficulté par la fraude, qui est à craindre ; néanmoins, avec le concours des autorités locales, dont les renseignements sont désintéressés et loyaux, il pourrait s'établir, entre les pays de petite et de grande production, des relations qui seraient profitables à tous.

Quatrième moyen. — **Petites éducations d'été pour graine**

Il s'agit ici d'une *toute petite* éducation d'été pour graine, des grandes races d'Europe, nourrie avec les secondes feuilles.

Voici la théorie de ce moyen, ainsi que l'expérience qui la confirme.

THÉORIE

Les parasites qui, comme nous l'avons vu dans le cours de cet ouvrage, prennent naissance dans la feuille de mûrier se développent et vieillissent à mesure que celle-ci se développe et vieillit ; dans la feuille jeune, ils ne sont qu'à l'état latent ou de germe, et par conséquent ils n'ont rien d'offensif encore pour le nourrisson.

Or les secondes feuilles ne cessent d'être jeunes pendant juin et juillet, mois brûlants et point humides, d'ailleurs, et favorisant peu, par cela même, le champignon ou parasite de la feuille, auquel MM. Montagne et Robinet, dans leur rapport de 1853, ont donné le nom de *fusisporium cingulatum.*

EXPÉRIENCE

Cette expérience est publique et me paraît concluante. Je ne parlerai pas des miennes propres.

Les races de vers à soie dites polyvoltines (à plusieurs récoltes), déjà anciennes en France, ont leur second élevage généralement du 15 juin au 15 juillet, et leur graine se forme dans la dernière quinzaine de juillet. Les secondes feuilles font la nourriture exclusive de ce second élevage.

Or la graine qui en provient, tous les éducateurs savent cela, a toujours été très-bonne, et n'a jamais manqué de réussir, même dans nos plus mauvaises années, résultat qui ne peut être dû qu'à ces trois motifs :

1° Sanité des feuilles ;

2° Petit nombre ;

3° La saison qui est sèche, et qui permet d'élever les vers presque à l'air libre.

Il s'agit donc simplement de substituer à ces races, dont les cocons sont peu rémunérateurs, les grandes races d'Europe à cocons jaunes et blancs, en prenant, bien entendu, pour point de départ, les plus robustes et les plus saines qu'on pourra trouver. Ici encore les procédés de M. Pasteur pourraient nous être très-utiles.

Ils pourront, d'autre part, élucider ce point, à savoir si la couleur jaune exerce quelque influence dans l'action du fléau ; car alors nous resterions plus réservés pour les races jaunes, jusqu'à nouvel ordre. Ceci peut être une question de chimie d'un intérêt réel.

J'ajoute que, si l'on veut combiner ce quatrième moyen avec le cinquième et le sixième, dont je vais parler, on pourra obtenir des graines sûres.

La difficulté de la petite éducation d'été est dans le moyen de retarder l'éclosion des œufs d'une race annuelle ; mais on peut y obvier de deux manières : ou bien par les appareils de retard que l'on sait être en vigueur pour les éducations automnales, ou bien en plaçant les œufs dans une contrée montagneuse, où la chaleur ne commence que vers la fin de mai.

Bref, cette petite éducation doit commencer vers le

10 juin et finir vers le 15 juillet. Le grainage a lieu ainsi dans la dernière quinzaine de juillet.

L'atelier doit être pris du côté du nord et désinfecté avec soin ; le chlorure de chaux doit y être même en permanence. Il n'aura pas dû servir à l'élevage du printemps. Les fenêtres resteront ouvertes dans le jour, sauf dans les moments de grands vents et de forte chaleur, et fermées la nuit avec une toile très-claire. S'il survient des jours très-calmes, couverts, orageux, tels qu'il s'en produit assez souvent en juin et juillet, on brûle dans la cheminée de légères torches de paille pour agiter l'air et le faire circuler. Un léger feu même la nuit, entretenu dans l'âtre, serait une bonne chose.

Quant à l'alimentation, l'éleveur ne devra servir à la petite chambrée que des feuilles *repoussées*, en bourgeons de préférence, et autant que possible de sauvageon, au moins jusqu'au troisième âge. Il devra d'ailleurs choisir ses plantations les plus maigres.

Les vers provenant d'un gramme d'œufs consomment environ 26 kilogrammes de feuilles, donnent environ 1,600 grammes de cocons, et, par conséquent, environ 100 grammes de graine. Les mûriers soumis au dépouillement d'été seront réparés dès l'année suivante, si on les défeuille les premiers pour l'éducation du printemps.

Tel est ce quatrième moyen, qu'il est loisible à chacun de mettre en usage, et que je recommande vivement à l'intérêt des éducateurs.

Cinquième moyen. — **Mélange des vers du Japon avec les vers d'Europe**

A la suite de causes expliquées dans le chapitre qui précède, une maladie épidémique s'est déclarée dans les ateliers de vers à soie, en France, en Italie et plus loin.

Le rayon malade, toutefois, n'est pas uniformément frappé, et les différences qui existent ont été également expliquées.

Au delà de ce rayon, dans l'extrême Orient, par exemple, les races sont restées naturellement saines.

Nous avons donc sur le globe des contrées où l'infection a pénétré davantage, d'autres où elle a pénétré moins, d'autres moins encore, et d'autres enfin qu'elle n'a pu atteindre, à force d'être éloignées.

On sait, d'autre part, qu'une épidémie est comme une chaîne électrique qui frappe tout ce qu'elle touche, et qui n'épargne que ceux pour lesquels la continuité est interrompue.

Or ma méthode a pour effet d'interrompre la continuité de l'épidémie dans un atelier, en élevant les vers à soie d'Europe parmi des vers à soie sains, tels que ceux du Japon, de manière à éviter contact entre eux.

Voici ce qui est résulté de mes expériences à cet égard :

1re CATÉGORIE. *Vers à soie de pays à cocons jaunes, très-infectés.* — 4 grammes de graine japonaise à cocons verts, d'importation directe, et 2 grammes de graine de pays ont été mêlés ensemble et élevés dans un même carré. Quelques grammes de la même graine de pays étaient en même temps mis à part et élevés dans leur homogénéïté.

Il est arrivé ceci :

Les vers de pays élevés ensemble n'ont pas atteint la quatrième mue ; ceux qui ont été élevés parmi les vers japonais ont coconné dans la proportion de 20 à 30 pour cent. Je fais néanmoins remarquer de suite que les chrysalides ont été trouvées mortes dans le cocon en grande partie.

2ᵐᵉ CATÉGORIE. *Vers à soie de pays à cocons jaunes réputés moins infectés que les précédents.* — Même procédé, réussite des vers mélangés dans la proportion de 30 à 40 pour cent; mortalité des homogènes presque totale avant la montée. Proportion moins grande que dans la catégorie précédente des chrysalides mourant dans le cocon.

3ᵐᵉ CATÉGORIE. *Vers à soie de provenance étrangère à cocons jaunes réputés* solides, *avec une petite proportion de vers de pays à beaux cocons blancs (Sina) réputés plus solides encore.* — Même procédé, réussite parfaite des blancs, réussite des jaunes de 70 à 80 pour cent; presque point de chrysalides mortes dans les cocons, ni pour les blancs ni pour les jaunes. Quant aux homogènes, la réussite des blancs a été bonne, mais sans que les sujets aient eu la physionomie de santé de leurs frères mélangés, et celles des jaunes dans la proportion de 50 à 60 pour cent. Les chrysalides mortes dans les cocons étaient sensiblement plus nombreuses que dans les vers mélangés.

Pour ce qui est des vers japonais, ils n'ont nullement paru affectés de leur association avec des congénères malades.

De ces expériences j'ai tiré cette conclusion : que les grandes races d'Europe non entièrement gagnées par *le mal* pouvaient être élevées avec succès, en les mélangeant dans la proportion d'un quart ou même d'un tiers avec les races japonaises. La proportion peut même n'être que de

1 à 2 pour les races considérées comme *solides,* et un succès complet dans ce cas fait espérer une bonne reproduction dans les contrées pentueuses, si surtout la météorie de l'année est régulière, celle du printemps principalement.

Et, ici encore, les études microscopiques des Cornalia, de Plagnol, baron d'Arbalestier, et surtout du savant éminent qui cette année encore est venu continuer dans les Cévennes ses précieuses expériences, pourront recevoir une très-utile application.

Les corpuscules sur lesquels portent ces études n'ont rien que de naturel et de logique, et il est probable (certain d'après les médecins) que, de même que de pareils effets se produisent dans nos insectes malades, de même des effets analogues se trouvent dans le sang des cholériques, des lépreux ou pestiférés ; mais il s'agit pour le savant de fixer une règle pouvant servir de guide aux éleveurs, et c'est là un immense service à rendre.

Les essais précoces peuvent aussi être très-utiles de leur côté, en indiquant d'avance les races qui peuvent laisser de l'espoir à la récolte.

Sixième moyen. — **Croisement des races**

Je m'arrêterai peu sur ce moyen, qui n'est pas nouveau.

Les provenances de l'extrême Orient, celles du Japon notamment, sont incontestablement les plus saines qui soient à notre disposition à l'heure qu'il est, et elles peuvent fournir par suite un bon élément de croisement. On sait, d'autre part, que c'est en général la femelle qui apporte la forme et la couleur du cocon. Un bon croisement donc serait celui qu'on ferait avec mâles japonais, de race annuelle, et femelles d'Europe.

RÉSUMÉ DE CETTE DEUXIÈME PARTIE

Je termine ici la seconde partie de mon travail, laquelle je résumerai de la manière suivante :

1° Des intempéries exceptionnelles et persistantes ont affecté la végétation partout en Europe, plus loin même, à un degré quelconque, ici moins, là davantage.

2° L'altération des plantes s'est manifestée à l'extérieur par la maladie de leurs feuilles et de leurs fruits : la vigne, le pommier, le pêcher, la parmentière, etc., en témoignent.

3° Les ruminants dans leurs zones, les vers à soie dans les leurs, se sont plus ou moins ressentis, selon l'état des terrains et les agglomérations, de cette altération : les ruminants moins, étant nourris alternativement d'herbes sèches et de gazons frais ; les vers à soie davantage, leurs repas étant invariablement composés de feuilles vertes. (Je mets à part la constitution respective de ces êtres.)

4° Ces feuilles ont été altérées avec tant de continuité pendant la période d'années humides de 1851 à 1857, que les vers à soie se sont *altérés* eux-mêmes de plus en plus, au point qu'une sorte de lèpre héréditaire a fini par les gagner, et qu'il a fallu renoncer à leur reproduction.

5° Les éducateurs avaient préparé le *mal* en partie en ne renouvelant pas convenablement leurs vers à soie ; les graineurs l'ont aggravé en entassant et laissant échauffer les œufs de ces insectes ; les pluies anormales, les hivers doux et l'absence des vents du nord et du nord-est l'entretiennent.— On doit regretter, en outre, la tendance des éducateurs, depuis cinquante ans, à substituer à nos feuilles sauvages ou fines d'autrefois les feuilles succulentes et grasses, qui devraient être bannies surtout des sols riches.

Pour remédier à ce fléau, divers moyens se présentent:

Le premier et le plus sûr, c'est d'aller loin, très-loin de l'Europe, dans l'extrême Asie enfin, au Japon préférablement, chercher des graines, en évitant les contrées basses et humides;

Le second, de reproduire sur place les races japonaises, avec les précautions que j'ai indiquées;

Le troisième, de prendre en grande considération, dans la reproduction des races d'Europe, le *petit nombre*, la *grossièreté* des races, le non-entassement des œufs et les terrains maigres et secs;

Le quatrième, de faire sur place *de toutes petites éducations d'été pour graine* des grandes races d'Europe, nourries avec les secondes feuilles;

Le cinquième, d'élever les races d'Europe en petite proportion, confondues dans les chenilles japonaises;

Le sixième enfin, de croiser les races japonaises avec celles d'Europe, en n'empruntant aux premières que le mâle et aux secondes que la femelle.

Tous ces moyens sont dignes de l'attention des éducateurs; mais je considère le premier, je le répète, comme le plus capable d'assurer, pour le moment du moins, la plénitude de nos récoltes[1]; le quatrième et le sixième, très-simples et point onéreux d'ailleurs, viennent après dans l'ordre de mérite.

[1] Pour payer moins cher les cartons japonais, il n'y a qu'un moyen: c'est de souscrire d'avance chez le marchand, car celui-ci, ayant une mauvaise chance de moins, la mévente, modérera naturellement ses prix.

Tel est le résumé de la seconde partie de cet ouvrage.

Maintenant, si l'on me demande mon opinion sur la durée du fléau des vers à soie encore, je répondrai, pour être logique, qu'on pourra regarder son entière cessation comme prochaine lorsque la *maladie de la vigne* aura totalement disparu de l'Europe, et, comme signe certain de sa cessation actuelle, lorsque l'odeur des reproductions européennes, recueillies sur les tables, ne présentera plus de différence avec celle des provenances japonaises de première année.

TROISIÈME PARTIE

COMMISSION DE SÉRICICULTURE. — CONTENTIEUX

COMMISSION DE SÉRICICULTURE

La composition d'une Commission de sériciculture fut annoncée ainsi dans le *Moniteur universel* du 8 novembre 1865, partie non officielle :

« La Commission de sériciculture, instituée par Sa
» Majesté auprès du ministère de l'agriculture, vient
» d'être complétée par l'adjonction des personnes dont
» la nomination était réservée au ministre de l'agricul-
» ture, du commerce et des travaux publics. MM. Gagnat,
» Bonnet, Serusclat, le marquis de Ginestous, Buisson
» et le marquis de l'Espine ont été nommés sur la présen-
» tation des préfets des départements les plus importants
» en ce qui concerne la production de la soie, et
» MM. Payen et Duseigneur, d'après la désignation des
» chambres de commerce de Paris et de Lyon.

» La Commission se trouve donc composée définitive-
» ment des membres dont les noms suivent :

» S. Exc. le Ministre de l'agriculture, du commerce et
» des travaux publics ;

» M. Dumas, sénateur, membre de l'Institut, *vice-*
» *président* ;

» S. Exc. le maréchal Vaillant, membre de la maison
» de l'Empereur et des beaux-arts, membre de l'In-
» stitut ;

» MM.

» de Quatrefages, membre de l'Institut ;

» Péligot, membre de l'Institut ;

» Pasteur, membre de l'Institut ;

» Claude Bernard, membre de l'Institut ;

» Tulasne, membre de l'Institut ;

» de Monny de Mornay, directeur de l'agriculture ;

» Gagnat, sériciculteur et juge de paix, à Joyeuse
» (Ardèche) ;

» Bonnet, éducateur et juge de paix ; à Aubagne
» (Bouches-du-Rhône);

» Sérusclat, filateur de soie et président de la
» chambre des arts et manufactures de Valence (Drôme);

» Le marquis de Ginestous, éducateur et président
» du Comice agricole du Vigan, au Vigan (Gard);

» Buisson, filateur de soie, à Tronche, près Grenoble
» (Isère) ;

» Le marquis de l'Espine, sériciculteur et président de
» la Société d'agriculture de Vaucluse, à Avignon,
» (Vaucluse) ;

» Payen, négociant en soieries, membre de la chambre
» de commerce de Paris, à Paris.

» Duseigneur, négociant en soie, membre de la
» chambre de commerce de Lyon, à Lyon ;

» Porlier, chef du bureau des encouragements à l'a-
» griculture et des secours au ministère de l'agriculture,
» du commerce et des travaux publics, *secrétaire ;*

» Monnier, auditeur au Conseil d'État, attaché au
» ministère de l'agriculture, du commerce et des tra-
» vaux publics, *secrétaire*. »

Ainsi l'Empereur, frappé de la persistance du fléau
qui porte la ruine dans les départements séricicoles, a
institué une Commission pour en étudier les causes et
rechercher les moyens à mettre en usage pour y porter
remède.

La sollicitude de l'Empereur ne pouvait aller au delà,
et les nombreuses populations dont il avait en vue de
soulager les misères ont été pénétrées, ainsi que l'a si
heureusement dit M. le marquis de l'Espine, dans une
des séances mêmes de la Commission, d'une juste et res-
pectueuse reconnaissance pour l'auguste intérêt dont
elles étaient l'objet.

De son côté, il faut l'espérer, cette Commission ré-
pondra aux vœux de l'Empereur et aux espérances
qu'elle a fait naître. M. Pasteur, l'un de ses membres,
s'est résolument avancé dans la brèche ; tous cherchent
et travaillent de leur côté : nul doute que, de tous ces
efforts réunis, il ne sorte quelque chose de réellement
utile.

Les membres composant cette Commission, convoqués
à Paris, ouvrirent leurs séances le 14 décembre 1865 au
ministère de l'agriculture.

La Commission s'occupa d'abord des causes présumées de la maladie des vers à soie. J'avais emporté des
convictions sur ces causes que j'aurais voulu retrouver
à Paris. Les savants hésitèrent à admettre avec moi,
comme cause immédiate de ce fléau, la maladie **végétale**.

Néanmoins, sur l'observation de deux honorables membres, M. Serusclat et M. Buisson, il fut accepté qu'il y avait quelque chose à faire à l'endroit des mûriers. L'éminent M. de Quatrefages fit remarquer même que ces arbres, dans certaines contrées, devenaient chlorotiques dans une proportion toujours croissante.

De leur côté, M. Dumas, notre illustre vice-président, M. de Monny de Mornay et M. Duseigneur, rappelèrent que, pour ramener les mûriers à leur ancien état, le meilleur moyen était de faire emploi comme engrais des chrysalides rejetées des filatures. Enfin M. Péligot signala, d'autre part, les éducations de M. Robinet comme ayant été atteintes des premières par la *gatine*, ce qui, d'après l'éminent savant, était attribué à l'usage de mouiller les feuilles pratiqué par le célèbre éducateur.

Ainsi, sans partager absolument l'opinion qui fait résider principalement la cause de la maladie de ces insectes dans un vice de nourriture, la Commission, au lieu de s'en éloigner, s'en rapprochait le plus possible.

M. Pasteur intéressa la Commission de précieuses communications touchant nos chenilles à l'état de chrysalide et leurs œufs. Ses recherches actuelles confirmeront, il y a lieu de l'espérer, l'intérêt de ces communications.

Son Excellence M. le Ministre lui-même a daigné, dans une des réunions de la Commission, m'inviter à répondre aux questions suivantes ;

1° Quels sont les caractères principaux de la *pébrine* ou *gatine* ?

2° Quel a été le point de la France qui a été attaqué le premier?

3° Quelle a été la marche de l'invasion?

4° Quels sont les pays ou localités qui ont été épargnés jusqu'à ce jour?

Comme mes réponses entrent dans le sujet que je traite, et restent d'ailleurs à ma charge, je les reproduirai ici en en conservant le texte :

Réponse à la première question

« La maladie eut d'abord ce caractère : beaucoup d'inégalité dans les vers pendant leur jeunesse; difficulté d'*entrer* en mue ; des *arpians*, des *passis*, des *tripes*, durant l'éducation avec mortalité et à la montée, des vers fiévreux dits tapissiers, étendant leur soie sur la litière. Ces vers, d'abord d'une grosseur normale, se rapetissent à un moment donné, s'amaigrissent surtout ver le museau et semblent tourmentés par une fièvre ardente.

« Plus tard, vers 1855, les taches ou *brûlures* ont été remarquées sur le ver à soie. On n'avait guère aperçu ces marques avant que sur les résidus des chambrées en travail de coconnage connus sous le nom local de *décastonadures*.

» Plus tard, en 1857, on a vu des chambrées entières, des vers de belle apparence, rester indifférents devant le bois au jour venu, pâturer huit ou dix jours encore, puis mourir complètement vides de soie.

« La *pébrine* n'empêche pas toujours l'individu de coconner; mais la *galine*, qui paraît être le dernier degré de la maladie, jette le plus grand désordre dans la race et finit par la détruire. »

Réponse à la deuxième question

« J'ai toujours compris que c'est dans le département de Vaucluse, et autres contrées étant dans les mêmes conditions, que la *gatine* a débuté, et que c'est en 1845, époque où l'on commençait à se plaindre de la maladie de la pomme de terre. La *gatine* est endémique dans les contrées aqueuses, basses ou fertiles. C'est pour cela que les propriétaires qui y élèvent des vers à soie agissent sagement d'aller chercher des semences ailleurs. »

Réponse à la troisième question

« Cette marche a été d'abord intermittente, et n'est devenue régulière et suivie que vers 1852, année où l'été a été très-pluvieux. L'automne surtout fut si humide, qu'une sorte de moisissure avait gagné jusqu'à la graine des vers à soie. La maladie se généralisa de plus en plus, et, en 1855, toutes les races locales se perdirent. Il ne resta debout que quelques points où on élevait des vers à soie par très-petites chambrées et à de grandes distances relativement. Dans les pays de grande production, on n'a vu que quelques maisons, une sur mille, conserver à peu près intacte la race accoutumée, et encore ne trouverait-on jamais ces maisons parmi celles qui font de grandes éducations.

» En 1856, la maladie envahit l'Italie en partie, et tout entière en 1859.

» Dans l'intervalle, elle pénétrait à Smyrne, Andrinople, et successivement dans la Macédoine, dans la Circassie, et enfin dans les provinces danubiennes, qui résistèrent jusqu'en 1863. La surproduction des cocons

et de la graine, l'influence du nombre enfin , ont partout
contribué à hâter le mal. On a apporté de Chine des provenances blanches qui ont échoué ; tout porte à croire
qu'elles ont été prises dans les parties littorales où la
gatine est latente , comme dans toutes les contrées
aqueuses. »

Réponse à la quatrième question

« Le fléau embrasse l'Europe , une partie de l'Asie ,
l'Afrique elle-même. Les points qui ont été épargnés se
trouvent parmi les pays où on élève peu de vers , et même
le fléau s'y est déclaré dès qu'on a voulu y pousser la production. Je cite, notamment, Limoux , dans l'Aude.
Dans ces pays de petite production, les foyers rayonnants
sont faibles et distancés, et l'épidémie , par suite, y a
peu de force ; de sorte que , bien que là aussi la cause du
mal soit toujours présente et les vers à soie prédisposés ,
il n'y a pas la même mortalité qu'ailleurs , ni les mêmes
désordres , faute d'action suffisante dans l'action épidémique.

» Dans les pays de grande production, au contraire,
cette action est d'autant plus puissante, qu'elle est plus
favorisée par les grandes surfaces de détritus d'une végétation malsaine et le grand nombre de sujets rampants sur
ces détritus. Aussi s'exhale-t-il de ces détritus et insectes
qui ne forment qu'un corps une puanteur extraordinaire
si l'épidémie vient à y pénétrer, ce qui arrive presque
toujours lorsque les sujets portent en eux une prédis-
position avancée à la maladie. Cette puanteur est l'indice
ordinaire de la perte de la chambrée. »

M. le marquis de Ginestous a parlé dans une séance
des souffrances des populations séricicoles, et a proposé
le vœu que le gouvernement les allégeât en dégrevant de
l'impôt les pays producteurs de la soie. M. de Ginestous
a parlé de tout cela dans des termes tels, qu'on a entendu
l'illustre Maréchal présent dire : « Voilà de nobles pa-
roles. »

Malheureusement, le vœu ne pouvait être admis, et
M. le Maréchal lui-même a montré, dans le langage le
plus élevé et le plus logique, que, en adoptant la mesure
demandée, il faudrait que l'État l'appliquât à toutes les
souffrances de l'agriculture, et que, évidemment, il n'y
pourrait suffire.

Enfin M. de Monny de Mornay a annoncé l'envoi de
15,000 cartons de graine par le taïcoun à Sa Majesté.

M. le Vice-Président a proposé la distribution de ces
graines, non-seulement parmi les éducateurs français,
mais même parmi les éducateurs étrangers, en faisant
remarquer avec raison que, en agissant ainsi, on pouvait
se ménager la chance de voir cette semence tomber sur
quelques points préservés en Europe, où nous irions au
besoin ensuite nous alimenter. Quelques membres ont
préféré que toutes ces graines restassent en France, car,
ont-ils dit, ou elles sont de qualité supérieure, et alors
nul doute que l'Empereur ne soit jaloux des avantages
que les éleveurs français pourraient en retirer, ou elles
sont médiocres ou mauvaises, et alors l'offre de l'Empereur aux étrangers ne serait pas trouvée généreuse plus
tard, et en même temps le but de la proposition ne serait
pas atteint. Cependant cette proposition avait une portée de vue sur laquelle ce dilemme même ne pouvait

prévaloir; mais M. Duseigneur, autorisé par des connaissances spéciales, en diminua l'intérêt par cette considération que, les Japonais étant sans conviction sur nos besoins, ces graines avaient dû être prises au hasard, et que très-probablement elles n'auraient rien que d'ordinaire, si même elles n'étaient inférieures à celles de nos voyageurs.

Voilà tout ce que je voulais dire des séances de la Commission. On comprendra que ces quelques mots ne sont pas le compte rendu de ces séances, si remplies de conversations les plus intéressantes sur tous les points du sujet à traiter; je n'ai voulu rappeler que quelques particularités dont la plupart se rattachent au cadre de mon ouvrage.

CONTENTIEUX

Je n'ai la prétention ni la pensée de résoudre ici des questions de droit; je veux seulement montrer les difficultés de solution que présentent les différends entre les éducateurs et les marchands de graine, afin de diminuer autant que possible la disposition des uns ou des autres à porter ces différends devant les tribunaux, et à augmenter, au contraire, chez eux celle de se concilier. L'industrie des vers à soie est sous le coup d'une grande calamité; les procès, toujours dispendieux et incertains, ne font qu'y ajouter.

Ce ne sont pas des études nouvelles que je viens offrir; j'en avais publié une sur la forme et la couleur des cocons en 1862; l'autre, sur la non-éclosion des cartons japonais, seulement rédigée, est de 1866. Je ne fais que les reproduire ici.

COULEUR ET FORME DES COCONS

Une semence de ver à soie à cocons jaunes, par exemple, et bien conformés, peut-elle, par l'effet de la maladie régnante, produire des cocons d'une autre forme et d'une autre couleur? J'essaye de jeter un peu de lumière sur cette question.

Et d'abord la chose arrive de deux manières : par la tromperie du marchand et par l'effet de la maladie. La première, je l'abandonne à qui de droit; la seconde fera l'objet de cette courte étude.

La *forme*. — Le cocon est un travail que la chenille façonne avec un art merveilleux, véritable tombeau où elle s'ensevelit, et d'où, après dix jours de mystère, elle ressuscite entièrement métamorphosée. Le travail, toutefois, est plus ou moins bien fait, selon que la bonne santé de l'ouvrière lui a permis de vigueur dans l'exécution, ou que son état maladif l'a fait tomber dans une molle négligence.

Ces divers états de l'artiste se traduisent dans son œuvre par la proportion suivante : le plus haut terme est le cocon parfait, conforme au type qui est propre à la race; le plus bas est cette espèce de tapis que la chenille étend fiévreusement sur la litière; les variétés se trouvent entre ces deux formes extrêmes.

C'est ainsi que, depuis l'apparition de la lèpre du ver à soie, nous voyons se produire les plus étonnantes transformations dans le coconnage, lesquelles donnent lieu à une infinité de difficultés et de procès.

La *couleur*. — La couleur n'a pas fait naître de moins nombreuses difficultés.

Lorsque la maladie a frappé nos races indigènes, on

n'a pas vu se révéler dans les produits cette variété de
couleurs : blanc, vert, jaune, bleu, safrané, remarquée
depuis dans les provenances orientales, succombant à
leur tour. En voici, je crois, la raison :

Depuis 1690, époque où, comme aujourd'hui, une
sorte de choléra a menacé notre insecte de destruction,
et où les États de Languedoc firent venir des graines
étrangères, les éleveurs n'ont pas cessé chaque année de
trier avec soin les cocons qu'ils ont voulu convertir en
graine. Ils ont ainsi formé des races homogènes, qui,
s'étant éloignées de plus en plus des croisements, ont
fini par prendre une couleur propre et immuable. Il en
est autrement des provenances orientales, au moins pour
la plupart. Le triage n'ayant pas été pratiqué, il y a eu
croisement constant. Depuis quelques années, il est vrai,
les indigènes, sollicités par nos voyageurs, ont fait ce
triage, dans quelques contrées du moins ; mais la date
des mariages entre insectes de couleurs variées est trop
rapprochée pour que les générations qui en proviennent
échappent entièrement à l'influence du sang et n'offrent
pas dans quelques individus la couleur des aïeux.

Or il est arrivé ceci : lorsqu'une race apportée de
l'étranger a succombé, les sujets qui ont conservé un
reste du vieux sang des croisements ont résisté au fléau
et pu coconner ; les autres ont péri à l'état de larve. De
là, ce mélange de rares cocons sur le bois, que l'éleveur
étonné a attribué à la supercherie.— 1862.

LA NON-ÉCLOSION DES CARTONS JAPONAIS

« Pierre Lamet a vendu à Louis David quatre cartons
contenant des œufs de ver à soie importés du Japon qui
n'ont éclos que partiellement. David demande par suite

la résolution de leur marché, la restitution du prix et des dommages-intérêts. »

Cette question ne s'était produite ou n'avait point eu de retentissement à l'époque où le Code Napoléon a été rédigé, car, à raison des difficultés particulières qu'elle présente, elle n'eût pas manqué, dans les minutieuses et longues discussions du Tribunat, de donner lieu à des explications. On ne trouve nulle part, non plus, que la doctrine s'en soit occupée. Ce n'est que tout récemment que divers tribunaux ont eu des solutions à donner, mais sans que la jurisprudence ait rien fixé à cet égard.

Le sujet peut donc être considéré comme neuf.

Il tombe évidemment sous les articles 1641, 1642, 1643, 1644, 1645, 1646, 1647 du Code Napoléon, lesquels traitent de la garantie des défauts de la chose vendue. « Le vendeur, porte l'article 1641, est tenu de
» la garantie à raison des défauts de la chose vendue qui
» la rendent impropre à l'usage auquel on la destine, ou
» qui diminuent tellement cet usage, que l'acheteur ne
» l'aurait pas acquise ou n'en aurait donné qu'un moindre
» prix, s'il les avait connus. »

Si cet article était supprimé de nos codes, les transactions pourraient n'être que de perpétuelles tromperies, de perpétuelles surprises, et elles deviendraient presque impossibles. Il était donc d'une nécessité rigoureuse. Le but du législateur dans cet article a été évidemment d'intéresser le vendeur à la bonne foi et à la vigilance, et d'éviter la surprise à l'acheteur. Ce qui le prouve, c'est qu'il est ajouté immédiatement, article 1642 : « Le
» vendeur n'est pas tenu des vices apparents et dont
» l'acheteur a pu se convaincre lui-même », et que le législateur se montre plus sévère à l'endroit du vendeur s'il connaissait les vices de la chose, article 1645 : « Si

» le vendeur connaissait les vices de la chose, il est tenu,
» outre la restitution du prix qu'il a reçu, de tous les
» dommages-intérêts envers l'acheteur », que, lorsqu'il
ne les a pas connus, article 1646 ; « Si le vendeur ignorait
» les vices de la chose, il ne sera tenu qu'à la restitution
» du prix et à rembourser à l'acquéreur les frais occa-
» sionnés par la vente. » Enfin l'article 1647 porte :
» Si la chose qui avait des vices a péri par suite de la
» mauvaise qualité, la perte est pour le vendeur, qui sera
» tenu envers l'acheteur à la restitution du prix et aux
» autres dédommagements expliqués dans les deux ar-
» ticles précédents. Mais la perte arrivée par cas fortuits
» sera pour le compte de l'acheteur. »

Dans l'exemple posé, il faut donc examiner d'abord
deux points :

1° Le vendeur a-t-il été de mauvaise foi ou négligent ?

2° L'acheteur a-t-il été surpris, a-t-il pu être surpris ?

Toutefois l'examen du premier suppose le vice caché
et n'a d'autre objet que d'indiquer si c'est à l'article
1645 ou à l'article 1646 qu'il faut se référer. Mais l'examen du second a une autre portée ; ce point peut absorber l'autre, car, s'il n'y a pas eu surprise, s'il n'a
pas pu y avoir surprise, l'article 1642 seul deviendra
applicable.

L'épizootie des vers à soie porte depuis quatorze ans
la destruction dans les ateliers, et son intensité a été
telle, qu'il est devenu impossible de former dans le pays
les semences nécessaires. Les éleveurs ont eu recours dès
lors aux pays étrangers. Des voyageurs ont exploré une
infinité de contrées pour leur procurer des graines, et,
à l'heure qu'il est, ils vont jusqu'au Japon, pays d'un
éloignement extrême, dont les semences de ver à soie

sont d'autant plus convoitées, qu'elles paraissent les plus saines du monde. Ces faits sont notoires. Mais, par cela même que les semences japonaises offrent à l'éducateur plus de sécurité que toute autre, il se méfie du vendeur, et demande à l'État une mesure qui le mette à l'abri d'une substitution frauduleuse. Or cette mesure qu'il a obtenue consiste à imprimer, sur chaque carton d'œufs pris au Japon, un signe officiel, le sceau du ministre de France au Japon.

L'éleveur est donc en sûreté de ce côté, et, s'il vient à être trompé, il doit s'en imputer la faute.

Les cartons partent donc du Japon ainsi estampillés, traversent quelques milliers de lieues de mer, sous des latitudes extrêmes, aux soins et sous la responsabilité du vendeur, arrivent en France et sont présentés aux éducateurs. Ces derniers n'ignorent pas, ne peuvent pas ignorer que cette marchandise vient d'un pays très-éloigné, à travers les mers; qu'elle a subi nécessairement, pendant cinquante ou soixante jours de traversée, l'humidité et la chaleur; ils sont avertis, en un mot, que cette marchandise peut s'être avariée, et qu'ils ne doivent l'accepter qu'avec réserve; ce qui les conduit naturellement à poser au vendeur des conditions de garantie que celui-ci accepte ou n'accepte pas. S'il accepte, le marché se conclut, les conditions sont exprimées, et il ne peut se présenter plus tard que des difficultés d'interprétation. Mais, si l'acheteur ne pose pas de conditions, ou si, en en posant, elles ne sont pas acceptées, et que néanmoins il prenne livraison des graines et en paye le prix ou s'oblige à le payer, quel pourra être le caractère du marché, si ce n'est celui du forfait, car l'acheteur ne peut alléguer qu'il a été surpris et qu'il n'a pas connu la chose.

Mais plaçons-nous au point de vue d'un marché pur

et simple dont nous écarterons la circonstance que l'acheteur a été averti par la fragilité de la chose, par sa nature particulière, par les mers sur lesquelles elle a longtemps ballotté, par sa physionomie enfin au moment de la livraison.

Assurément la loi protége au même degré le vendeur et l'acheteur, elle voit d'un œil égal leurs intérêts. Pour atteindre le vendeur, elle veut donc sans nul doute que le défaut caché de la chose soit constant an moment de la livraison, car elle ne peut le rendre responsable des vices qui sont survenus entre les mains d'un nouveau maître.

Or comment se passent les choses? Des cartons sont exhibés aux acheteurs, dont l'attention se porte d'abord sur l'estampille ou sur d'autres marques distinctives des cartons japonais. Rassurés de ce côté, ils examinent si ces cartons ont une physionomie de chose morte ou une physionomie de chose vivante, sur quoi ils se forment une opinion S'ils se défient de leur propre expérience, ils recourent à un expert, à un homme plus exercé qu'eux. Ils achètent ensuite ou n'achètent pas.

Or ou l'art est impuissant à reconnaître l'état présent de la chose, et la nature même de cette chose se refuse à une constatation d'une certaine précision, ou c'est le contraire qui a lieu.

Dans le premier cas, comment l'acheteur pourra-t-il exciper d'un vice caché que ni lui, ni le vendeur, ni l'expert, n'auront pu reconnaître, dont rien enfin ne peut attester la présence, et invoquer l'article 1641; et dans le second le pourra-t-il davantage, puisqu'il aura dû se trouver édifié et agir ainsi en pleine connaissance de cause?

Mais il pourra dire qu'un effet s'est produit, l'effet

dont il se plaint, la non-éclosion, et que cet effet vient d'une cause cachée dans la chose vendue.

Mais là est la difficulté pour le détenteur qui se plaint. A quel moment fera-t-il remonter cette cause dont la formation est de tous les instants, et dont l'effet ne se produit qu'au moment où la chose est entre ses mains, où elle est soumise par lui à des moyens artificiels pour la réveiller de son état d'inertie, moyens dont il est seul responsable?

La graine de ver à soie, on ne saurait trop insister sur cette considération, est une marchandise d'une nature toute particulière. Elle renferme des chenilles à l'état d'embryons, et ces embryons sont d'une fragilité extrême. Par exemple: l'hiver tiède et humide de 1865-1866 a pu être funeste aux graines d'importation directe, puisque les graines japonaises reproduites dans le pays en ont beaucoup souffert elles-mêmes et qu'il en a péri une grande quantité. Il serait donc bien difficile de déterminer entre les mains de qui, ou du vendeur ou de l'acheteur, s'est formé le vice de la chose, entre les mains de qui l'embryon est mort. Cependant la loi veut évidemment que le défaut existe, soit constant au moment de la livraison, si elle soumet le vendeur à une obligation grave, à une garantie qui peut entraîner sa ruine.

On ne saurait guère admettre pour des œufs achetés en vue d'une couvée qu'un seul défaut constant et rédhibitoire, c'est la non-fécondation, car ce défaut naît avec la chose et ne peut dès lors s'être formé entre les mains de l'acheteur. Mais il ne saurait être excipé de ce défaut pour les œufs de vers à soie, puisque les œufs non fécondés se distinguent parfaitement des œufs fécondés par la couleur: les premiers conservant la couleur jonquille qu'ils ont à la ponte., et. les autres passant, au bout, de, trois ou quatre jours à la couleur gris-cendre..

Pour un marché de grains destinés à être mis en terre, la question est très-difficile , et met dans l'embarras les plus grands légistes. Cependant, lorsqu'il est avéré dans, cette espèce que les grains n'ont pas levé quoique semés. dans des conditions normales., le juge serait autorisé à, admettre l'étouffement du germe par un moyen quel-conque., ce qui, raisonnablement., ne pourrait être im-puté à l'acheteur.

Du reste., dans notre exemple., une solution en faveur de l'acheteur rencontre dans des faits nombreux de sé-rieux embarras. Une fraction de carton , mise à incuba-tion en janvier ou février , éclot très-bien , et le carton à l'incubation normale n'éclot pas. Une fraction d'autre carton résiste à l'éclosion en janvier ou février, et le res-tant éclot très-bien au printemps ; cet autre carton est rendu au marchand comme étant mort , tombe dans l'eau par accident au moment de l'incubation, et, au bout de trois jours , l'éclosion se manifeste et est entière au bout de quelques jours. Enfin , pour citer un exemple dans les graines reproduites, un propriétaire fait de la graine japonaise pour son voisin et pour lui ; en février ou mars, le voisin déplace la portion lui revenant, le fabricant laisse la sienne appendue au même clou jusqu'au moment de l'incubation : cette dernière a parfaitement éclos et l'autre est restée inerte.

Il résulte de ce qui précède que la non-éclosion des cartons ne semble pas devoir être considérée, sauf cir-constances particulières , comme un défaut caché de la chose vendue dans le sens de l'article 1641 du Code Napoléon.

Mais acheteurs et vendeurs comprendront toutefois,

par les embarras de la question , qu'ils doivent se faire des concessions mutuelles plutôt que de courir les chances de procès incertains et coûteux.

Disons du reste, en terminant, que toutes les questions qui touchent aux graines de ver à soie sont difficiles à résoudre. Ces graines sont comparables en un sens aux graviers monotones des bords des rivières, à l'eau même de ces rivières , c'est-à-dire qu'elles ne sont plus reconnaissables dès qu'on les a perdues un instant de vue. Dès lors, comment établir leur identité lorsque des contestations s'élèvent à leur sujet ; comment le vendeur pourra-t-il les suivre dans les mille mains où il les disperse ? Tout cela est fort difficile et conduit à des complications qui vont fort loin lorsqu'elles ne sont pas arrêtées devant la conciliation comme devant une salutaire barrière. »

FIN.

TABLE DES MATIÈRES

Montpellier, imp. GRAS.

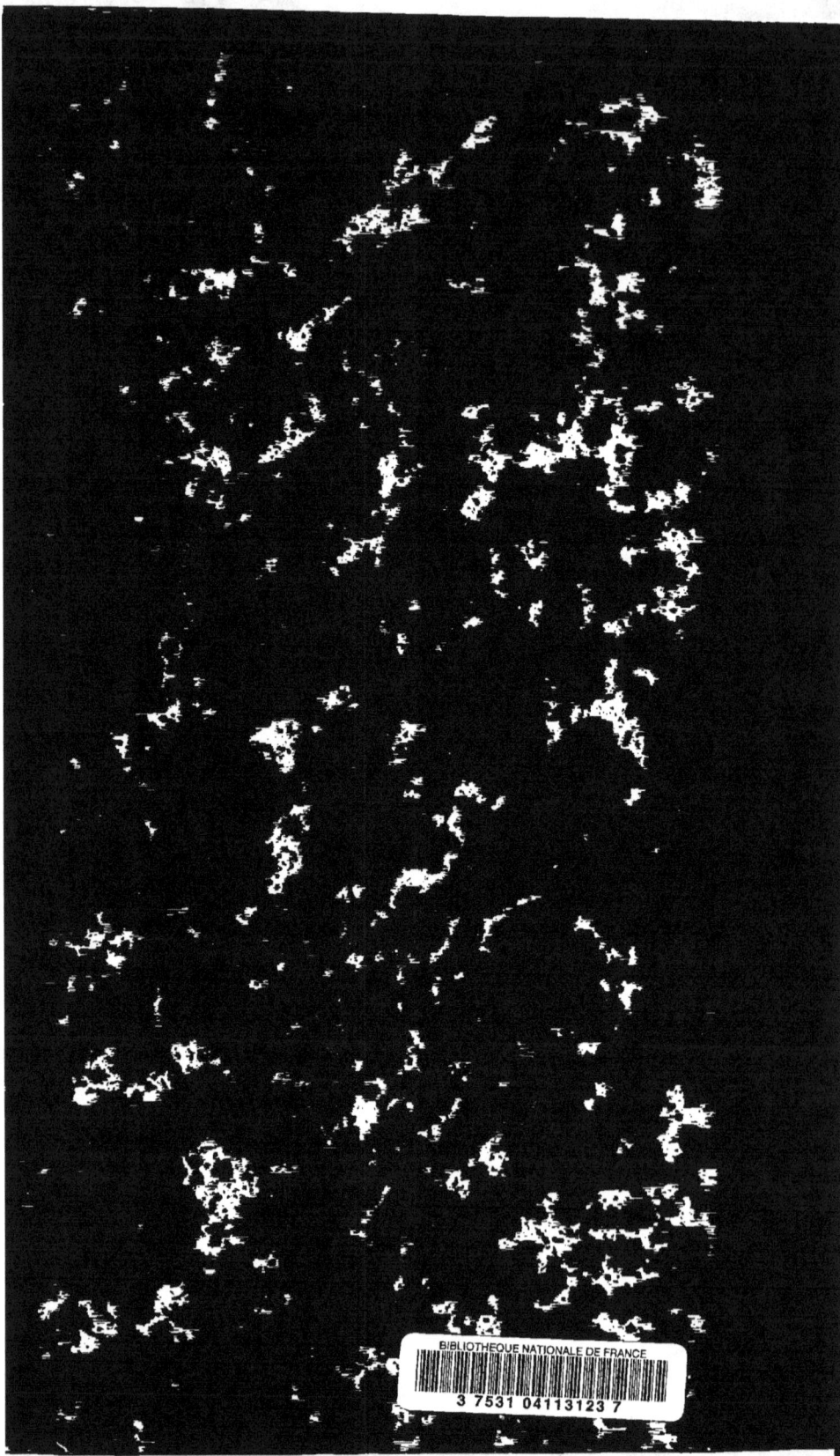

www.ingramcontent.com/pod-product-compliance
Lightning Source LLC
Chambersburg PA
CBHW071512200326
41519CB00019B/5917